智驴之囧

职场攻略寓言故事

李卫民 著

金盾出版社

内 容 提 要

本书以“智驴”这样一个旁观者的角度审视职场那些“潜规则”，那些让初入职场者迷茫、焦虑、甚至沮丧的事情。书中分析了职场中诸多典型案例，并选择了60余篇职场故事，每篇故事针对管理者、求职者和职场外人士，分别给出了提示。为读者提供一种全新的思维模式，应对职场中遇到的种种难题，解开那些曾经困扰无数职场中人的“死结”，帮助读者打开工作、事业的新局面。

图书在版编目(CIP)数据

智驴之冏：职场攻略寓言故事/李卫民著．—北京：金盾出版社，2016.4

ISBN 978-7-5082-8985-4

Ⅰ．①智… Ⅱ．①李… Ⅲ．①成功心理—通俗读物 Ⅳ．①B848.4-49

中国版本图书馆CIP数据核字(2013)第277185号

金盾出版社出版、总发行

北京太平路5号(地铁万寿路站往南)

邮政编码：100036 电话：68214039 83219215

传真：68276683 网址：www.jdcbs.cn

封面印刷：北京印刷一厂

正文印刷：北京万博诚印刷有限公司

装订：北京万博诚印刷有限公司

各地新华书店经销

开本：880×1230 1/32 印张：6.75 字数：180千字

2016年4月第1版第1次印刷

印数：1～3 000册 定价：20.00元

前　言

目前，在职场中无论是用人单位，还是上班族抑或是求职者，都有很多人对自己的状况牢骚满腹。雇主发愁：良才难求，职工不能胜职；上班族发牢骚：职场压力大，工作环境不如意；求职者抱怨：好工作难找，用人单位要求太高。为何会存在这种现象？主要的原因是用人单位和在职者或求职者本身存在的一些问题。

用人单位在选人用人上指导思想不端正，一些管理者在选拔任用员工时，把人员任用的“公权”变成自己的“私权”，单凭个人的爱好来选择员工，完全忽视了工作的需求。现代企业制度应以“以事择人、以岗定位、考用一致”的标准来建立竞争有序、择优而仕的员工聘用、培养和选拔机制。也有的企业在人力资源开发利用中，制度不够完善，疏漏较多。做不到公开、公正和公平竞争，这不仅降低了人事管理的效率，还重挫了员工的积极性。更有甚者，选人盲目追求高学历，没有根据自身的实际需求，而是采取一般的社会标准，在人员招聘和选拔中片面追求高学历，以学历定能力，这种做法更是不切实际。

一些在职人员对自己缺少自信，消极地评价自己，以至在工作中能力体验和成就体验下降，认为自己当下的工作不但不能发挥自身才能，而且还是枯燥无味的烦琐事务。还有一部分在职人员刻意在自身和工作对象间保持距离，对工作和环境采取冷漠、忽视的态度，对工作敷衍了事，个人发展停滞，行为怪僻，甚至提出调休申请等。同时，感到自己的活力降低，没有工作热情，感觉自己的情感处于极度疲劳状态的员工更是不在少数。

某些求职者盲目寻找高薪工作，跳槽频繁，只顾眼前的“小利”而失去有利于自己发展的长远“大利”。更有少数求职者对自己没有信心，把用人单位看得非常高，拿用人单位的“威风”来灭自己的勇气。

以上种种原因造成了当今职场人才难求、工作难找的局面。

《智驴之囧》在深刻分析众多典型职场案例的基础上，精心筛选了六十多篇职场故事，以驴子在职场中的种种遭遇来揭示职场中存在的一些问题及隐藏在问题背后的一些管理或人性哲理。

本书以驴子的视角来写，读起来幽默风趣，并且在您笑过之后，还提示您对类似状况怎么处理——每篇故事后面都针对管理者、求职者和职场外人士遇到此类的事情应该怎样做给出了提示。因此，本书适用于管理者——它可以助您求得贤才；本书适用于求职者——它可以助您在工作之中解决一些烦恼，找到一个真正适合自己的好工作；本书适用于职场外人士——它可以从侧面给您提供一些处世之道。

（以下人员参与了本书工作：杜娟、朱玉侠、张元栋、李冰清、朱沛华、朱玉国、李民华、朱心悦、林侠、徐军、李全超）

目 录

第一章 当“马”还是当“驴”——现代职场生涯的两难抉择

选择一个公司不仅要看它的现有规模和是否具有发展前途，更要看它是否重视人才的使用。一个懂得尊重人才、合理利用人才的公司，才是一个具有强大发展前景的公司。

一个出色的管理人员不仅要懂得发现人才，还要学会选拔和利用人才。

马的磨坊遭遇

有个农夫，养了一群驴子拉磨，磨出了很多面粉。农夫想让自己的面粉卖出一个更好的价钱，就打算到远方去打探一下面粉的价格。因为路途遥远，所以，不能徒步而行。但是，苦于家中无马，就想在驴子当中选一头跑得比较快的来骑着去。

农夫找来了伯乐，让他在众驴子中帮自己选一匹好“马”。伯乐还真不愧是相马大家，他一走进磨坊，就看中了那头枣红色的驴子，虽然它身上已经脏得灰不溜秋，但是，还是掩饰不住它的高大英俊，被伯乐一眼就认出了是一匹好马。这一发现，确实让农夫一惊，但是惊诧之余，农夫还是想到了，这原来就是自己的错。当初，自己在池塘里救出来的小毛驴，颜色是有些异样，但是自己什么也没想就把它交给了老灰驴带着。小毛驴日复一日的待在磨坊里，直到长大了会拉磨，自己也没留意到它竟然是一匹好马。

农夫对这一发现有些喜出望外了。他当着众驴的面宣布了红马的身份，并且要提高红马的待遇。驴子们听了这个消息都不服气："为什么大家一起干活，谁也不比那个枣红色的家伙干得少，来了一个伯乐它就变成宝马，身价倍增了呢？这实在是不公平！"。众驴由于感到不公，干活的精神头也大不如以前了，并且它们对小红驴也没以前热情了，甚至是有意冷落、挖苦小红驴。小红马感到很孤独，但是没有办法只好默默忍受着同伴们的冷落。

从此，农夫每天都多给小红马几个玉米棒子。这一举动，让众驴子再也忍受不了了。于是，大胆驴给农夫提出了意见："自从老板说小红驴是马之后，小红驴不仅不用拉磨，还每天多得到那么多报酬，这世间还有公理吗？"农夫说："因为它是马，不是驴，所以再不用拉磨了。我正准备让它好好保养一下随我外出打探面粉价格呢！"众驴听了农夫的话，更是愤愤不平。它们打算在农夫外出之前，一定想法证明大家的能力不比小红驴差。

一天，大胆驴趁农夫给小红马加玉米棒子时说话了："老板，你说小红驴是马，我们大家都不服，你能让它证明给我们看吗？"农夫说："好，那么大家随我来吧！"农夫带着众驴和小红马来到了一片空地上。农夫让小红马使劲在空地跑了一圈，然后怒斥众驴："看到了吧！看到小红马奔跑的速度了吧！谁再说不公平就给我离开磨坊！"听到老板以辞退相威胁，众驴再也不敢吭声了。但是，大家并不服气，它们只是迫于老板的威胁不敢再说什么了，而是在暗中想办法。过了两天，还是大胆驴出面给老板说，它们中间有比小红马跑得更快的，只要让它们比试一下，马上就能见分晓。听了大胆驴的话，农夫动摇了：难道自己真有这么优秀的驴子？不如让它们比试一下！农夫对大胆驴说："比试可以，但是我丑话说在前面，如果你们不能胜过小红马，我就把你送到屠宰场，让你再起哄！”。农夫的话并没有吓倒大胆驴，它回到驴圈和众驴子如此这般地商量了一番。

比赛开始了，农夫骑在马背上，看驴子们与小红马的赛跑。小红马一开始就使足了劲儿，飞快地向前跑去。众驴最初还紧跟了几步，但很快就被小红马落在后面。农夫骑在马背上开始回头训斥众驴：“自不量力的家伙们，知道错了吧？再不服气，不给我踏踏实实干活，我就送你们去屠宰场！”这时候，小红马也有些沾沾自喜了，不知不觉速度慢了下来，趁小红马不注意，小快驴一个健步窜到了小红马的前面，其他驴子有的在小红马的左右，有的紧跟在后面，整个把小红马围在中间。不一会儿，小红马想跑快些，但是，它不是碰到两边的驴，就是踩了前面驴的蹄子，速度自然就慢了下来，还差点把农夫从马背上摔下来。

比赛结果可想而知了。农夫非常生气，责问小红马：“你是怎么搞的，刚开始还行，怎么一会儿就不行了呢，是不是你耐心不够啊？”

小红马很委屈：“不是我不想跑快，是这些可恶的驴，不是绊我，就是挡我的路……”

农夫火了：“别再狡辩了，我亲眼所见，你一匹马还不如驴子跑得快，还敢狡辩！”说着狠狠地抽了小红马一鞭子。

听了老板的话，小红马只好悻悻地离开了农夫。它暗自伤心：“都是做马惹的祸啊！”

管理智慧：

一个出色的管理人员不仅要懂得发现人才，还要学会选拔和利用人才。首先，作为现代企业、公司的主官，一定要独具慧眼，不要让人才在自己的手下埋没，“驴子”当中也许真的会有“好马”，这要靠主管们细心地去发现。其次，在人才的选拔过程中一定要尽量做到公平、公正，不要引起内部矛盾。大家都知道摩擦会减小合力，那么，员工之间的摩擦更是要不得。内讧会大大地影响企业效益，会给公司带来难以估算的损失。当矛盾发生的时候，作为企业的领导，一定要细心听取员工的意见，不要企图用威慑力来压制员工们的意见。再次，管理人员在利用人才的时候，善于纳谏是优秀的品德，但是这绝对不等同于缺少了主见。所谓用人不疑，即使有像“驴马比赛”一样的事情发生，也不应该草率地做出决定，不能被事情的表象蒙蔽了眼睛，一定要做好深入细致的调查研究后再做决定。总之，主管人员一定要利用好自己手中优秀的“驴子”，如果已经发现是“好马”的“驴子”再失去了，那更是一笔损失。

员工心得：

员工在职场中一定要积极地去表现自己的能力，正所谓“是驴是马拉出来遛遛”，不要坐等伯乐的到来，那样只会使你蹉跎时光。

人在职场还要处理好上下级关系，让自己立于职群之中，脱离职群会让自己孤掌难鸣，无法施展自己的才华。因此，当矛盾和误会产生的时候，自己绝对不能默默地忍受，要积极主动地想办法与上级主管沟通，不要让误会和矛盾越来越深，那样，只会葬送了自己美好的前途。

场外音：

为人处事圆滑世故（当然是在不违背做人公德的前提下）一点，没有什么害处，因为想要充分展示自己，就要得到大家的认可。如果只是自以为有才，而得不到大家的认可的话，那么一生就会在怀才不遇的苦闷中度过。当然，作为社会中的人孤芳自赏是没有用的，要想让自己的才华有一个可以充分展示的舞台，就必须充分利用身边的人脉资源。那么，学会左右逢源的处事方法，必能帮助自己扫清前进道路上的障碍。不失道德而又达到目的是为人处事的至高境界。

升职马的困惑

一直被当作驴子使用的灰马，已经习惯了驴子的生活，它不辞辛苦地在磨坊工作，甚至忘记了自己是一匹马。

有一天，磨坊主把灰马带出了磨坊，告诉它自己要开发一个新项目，就是把马带到公园里租给游人，并且决定派灰马到公园里去上班，这样灰马再也不用拉磨了。磨坊主把灰马的工作简单交代了一下，就让它回去准备上岗，并没有对灰马进行岗前培训，灰马具体要怎么做它自己也不太明白，只知道自己不用再拉磨了，当人的坐骑就行了。其实，事情是这样的，磨坊主在公园里租了一块土地作马场，让游人在这块地上骑马、拍照什么的，然后按着骑一圈多少钱、拍一张照多少钱收费，在这里，磨坊主自然就成了马场主，但是，灰马并不知道这些。

灰马来到公园里，磨坊主仔仔细细地给它梳理打扮了一番，装上了崭新的马鞍，胸前还佩戴了一朵美丽的大红花，灰马也觉得自己神采奕奕起来了。这时候一位游人进来了，磨坊主发挥了马场主的作用，他介绍自己的这匹灰马是多么的温和，多么的听话。游人听了马场主的这番介绍，就决定骑着灰马拍几张照片。马场主把灰马交给了游人，还拍了拍灰马的脖子，以示鼓励。灰马见老板如此的器重自己，就暗下决心一定不让老板失望。等游人骑上马背，灰马以为游人坐在它背上就是让它带着他奔跑，于是它使出全身的力气奔跑起来。它虽然跑得很快，但是非常稳。灰马很认真、很卖力地跑着，这可把游人吓坏了。他本想骑在马背上照几张照片就行了，没想要骑快马，他拼命地勒住了马缰绳。灰马很听话，猛一下就停住了，由于惯性，游人没有坐稳，一下子从马上栽了下来。游人照片没有拍成，倒是摔了一个大跟头，马场主自然是什么也没赚到，还搭上了一堆好话。这么一来，倒霉的就是灰马了。马场主非常生气，扣了灰马当天的报酬不说，还说如果要是再不能让游人满意就把灰马送去屠宰场。灰马不知道自己犯了什么错，觉得已经尽力了，为什么还遭到如此惩罚？心想只有更加小心翼翼地做事了。

又一位游人进来了，他可是一位善骑者，他不想坐在马背上拍什么照，他只想骑几圈快马。马场主对游人说这可是一匹善跑的马，他把灰马交给了游人，还是拍了拍马脖子。不过，这次他提醒灰马说，要好好干啊！灰马听了马场主的话更加紧张了，它不知道自己到底是该怎么做，但是它确信不能再使劲地跑了，那样自己就会被送到屠宰场了。当游人骑在它的背上的时候，它慢慢地跑起来，游人嫌它跑得太慢了，使劲吆喝着，灰马误会了他的意思，反而跑得更慢了。游人更加着急了，他使劲拍打马屁股，这下灰马不知所措了，它觉得自己已经是跑得最慢了，不知道游人到底还要怎样。游人继续拍打，灰马再也不敢前进一步。游人愤怒了，“还说是什么善跑的马，我看是不跑的马，干吗弄这么一匹马来骗人啊！”游人不听马场主的解释，说着扬长而去。不仅没挣到钱，还被人说成是骗子，这下农场主恼羞成怒了，他一鞭子抽到灰马身上，“你个不争气的东西，该慢的时候不慢，该快的时候不快，诚心不好好工作，看我不把你送到屠宰场！”灰马听了老板的话，强忍着身上火辣辣的剧痛，说道：“老板我真的不是诚心的，我已经尽力了，但是我确实不知道自己到底该怎样做，请您告诉我好吗？我会改正的。”马场主说“现在说什么也没有用了，你是个只会拉磨的家伙，你是没有能力胜任这一工作的，准备进屠宰场吧！”灰马觉得老板不会再给自己机会了，只好赶紧离开了。

这马场主不肯放弃公园里的生意，只好到处托人为自己物色一匹听话的好马了。

管理智慧：

在给员工更换工作岗位的时候，一定要先进行与该岗位相关的技能技巧的培训，并且还要让员工了解这一工作的规章制度，这样员工才有可能胜任新工作。随便更换员工的工作岗位而又不进行岗前培训，会让员工感到无所适从，工作也必然会漏洞百出。这时候管理者就要考虑一下，员工接连不断地出错是否因为自己的工作没有做到位，而不要一味地去责怪员工。并且，在员工出现错误的时候一定要明确指出他所犯的错误，以便于吸取经验教训，做好下一步的工作。“人非圣贤，孰能无过”，在错误出现后，只要员工有改正的要求，就一定要给他机会，把“良马”寄托在寻找上面，远不如培养“良马”的好。

员工心得：

对于一个陌生的岗位，一定要先掌握了工作的要领再去上任，否则会让自己撞得头破血流。俗话说，不怕不懂，就怕不问，当自己对新工作不了解的时候，一定要多多询问，多角度了解，只有弄清楚了自己该怎样做，才有可能把工作做好，盲目去做，付出了也不会有收获。

场外音：

听从并不代表没有疑问，无原则地听从，常常会让人无所适从。因此，不能为了服从命令，别人说做什么，即使自己不知道怎么做也硬着头皮去做，这样的服从常常会适得其反。另外，即使要跳槽，当错误发生了的时候，一定要弄清楚错误的原因，否则会引起误会，甚至会让自己背上无能的罪名。

对于新事物，谁都会有一个了解、熟悉的过程，刚开始不懂也不要紧，千万不要怕别人嘲笑自己无知而不懂装懂，那样就会引起大祸。

想做马的驴

农夫养了一群驴子和一群马，他用驴子拉磨，用马驮运东西。驴子们没黑没白地在磨坊里干活，马每隔一段时间就外出几天，然后回来就可以休息一段时间了。驴子们对马儿们的生活非常羡慕，它们开始抱怨老板太偏心了，不让它们去运货，反而让它们这样无休止地拉磨。日复一日，驴子们讨厌了这种生活，干起活来也没有什么热情了。

农夫感觉到了驴子们的工作效率大不如从前了，就想要找一个激励它们工作热情的办法。于是，农夫对驴子们说："现在马队里缺少人手，我要观察一段时间看谁的工作效率高，就把它调到马队里工作。"驴子们听到这一消息非常高兴，都想好好表现，争取能够调到马队去工作。农夫还说"我每天分给你们同样的任务，谁先完成任务，就算谁的工作效率高，我就会考虑调它去马队，完不成当天任务就扣除当天的报酬。"有一头有心计的驴子非常想调到马队里工作，因此，它每天拼命地拉磨，一连几天都是它先完成任务，农夫对它的表现非常满意。当然，其他驴子的工作效率也比以前高多了，为了保持驴子们的工作热情，农夫说会综合一年的工作成果来决定谁去做马的工作。驴子们觉得一年的时间，最后谁取胜还不一定呢！因此，都暗暗地给自己加了把劲。

几天过去了，心计驴感觉实在是累了，它没有办法保住效率第一的位子了，接下来的几天它都没有得第一，它非常着急。但是，要永保第一，光靠自己的力量是做不到的，因此，它想到了一个保住第一的好方法，那就是在干活的时候密切关注别人，有谁快要完成任务的时候，心计驴就会趁它不在意，把本该由自己磨完的玉米偷偷地放进它的任务堆里，这样心计驴就可以先完成任务了。接下来的很长一段时间里，心计驴都是这么做的，谁也没发现它的这个做法。心计驴为自己想到的这个方法感到骄傲。又过了一段时间，它干脆把自己该磨的玉米偷偷地分到大家的里面，自己只留很少的一部分，这样它干起来很轻松，每天早早就完成了任务。

农夫见心计驴完成任务很早，剩下的时间就没有什么事情可做了，因此，他每天都偷偷地多分给心计驴一些工作。心计驴如法炮制，把自己的任务又悄悄地加到同伴们的身上了。就这样，农夫给心计驴加工作量，心计驴又把它转移给了大家，日子久了，大家都感觉工作太繁重了，别说争夺第一了，就是完成每天的任务也有些力不从心了。就这样，大家对争夺第一都失去了兴趣，转而担心自己能否完成当天的任务了，工作效率也就自然低了下来。

农夫发现驴子们的工作效率又低了，还个个变得怨声载道起来。于是，他暗中观察驴子们的一举一动，终于发现了心计驴的秘密。农夫把心计驴的所作所为告诉了大家，大家都非常气愤，并且一致要求严惩心计驴。农夫对心计驴也非常失望，没想到它用这种手段来获取第一，就把它送进了屠宰场。心计驴不但没有做成马，反而为此丢了性命，大家对此感慨万千，都是贪心做马惹的祸啊！

当农夫宣布以前的比赛作废，选谁去做马的工作还要重新开始比赛的时候，大家再也没有以前的高兴劲儿了，大家都在暗自想，做不做马没有关系，还是按部就班地做自己的工作好。因此，无论农夫怎么用选拔马的事情来激励大家，驴子们还是照旧工作，再也没有超负荷地努力过。

管理智慧：

作为一个企业，建立激励机制是非常必要的，科学的激励机制能够有效地促进企业的发展，但如果对激励机制理解不全面、做不到位，却会适得其反。所以，一定要选择有效的激励机制，让那些在工作中踏实付出的人得到一些切实的好处。如果公司的激励只是一个空头的承诺，时间久了大家就会对此失去兴趣。因此，公司建立的激励机制一定要符合大多数人的要求，让多数人得到实惠，这样才有利于调动员工的积极性。如果企业的激励是一种变相的剥削，企业只想收获不想付出的话，这种做法得到的将是“杀鸡取卵”的结果。

激励的真谛不在于悬赏有多大，而在于是否切实可行，是否真能够调动员工的积极性。

员工心得：

每个人都有升职的愿望，但是要想升职就要靠自己踏踏实实地付出，想要通过旁门左道升职的人，早晚都会露出自己的狐狸尾巴。另外，有些公司采取的激励机制往往是空头支票，为了得到那种奖励，不辨真伪地去努力，实在是不值得。牺牲身边的朋友来获取奖赏的人，更不是明智者。

场外音：

在实现自己目的的过程中，一定要使用正确的方法，只顾自己、损人利己的做法，不但得不到大家的赞同，而且还会使自己受到惩罚。把自己的快乐建立在别人痛苦之上的人，永远不会快乐多久！只有靠自己的双手收获的成功果实，才是甜美的。因此，在面对凭借一己之力不能得到的诱惑时，一定要有自制力，不能让诱惑障目，不见道义。任何时候安安分分做事，踏踏实实为人都是对的。

老马返磨风波

几匹马跟随老板走南闯北，几经周折为老板打下了稳固的江山，它们所立下的汗马功劳自不必多说，但是，随着时间的流逝，它们已经垂垂老矣，再也不能外出为老板南征北战了。它们所能做的就是留在公司处理一些日常事务。其实，它们的作用并没减小，因为它们不但负责给公司培训新员工，还能为公司的发展出谋划策。员工们在工作中碰到什么问题时去请教它们，它们也总是能出其不意地把问题解决掉。总之，有了这几位元老的帮助，新员工做事总能事半功倍，因此，这几位元老也深受年轻一代员工们的爱戴，甚至是依赖。

公司领导班子重组，中青年领导人掌握了实权，他们对公司的发展满怀信心，丝毫不把元老们放在眼里。他们一上任就在人事上做出了一些调整。他们一致认为公司里的老马们已经不能再为公司的发展做贡献，与其白白养活它们，还不如把它们送进磨坊和驴子一起为老板拉磨。意见达成一致之后，公司召开了全体会议，公司领导在会议上旁敲侧击地说老马们已经没有利用价值了，应该主动让贤，到磨坊里去做一些自己力所能及的事情。元老们听到公司这么说都感到十分不满，纷纷跳槽到了别的公司，它们把毕生的经验都带给了别的公司，使其发展蒸蒸日上且不说。单说元老们自动离开公司以后，年轻的领导们以为事情比想象中处理得还要好，因为，公司就是想要辞退那批年老者，但是碍于情面不好直接开口，只有给它们更换工作岗位了，没想到它们还识趣地自动离开，这样公司就节省了一笔开支。但是，就在年轻领导们沾沾自喜的时候，公司的棘手事件一件又一件地发生，弄得领导们真是焦头烂额。这还不算什么，接下来发生的是公司的效益一天不如一天，有些有能力的员工都纷纷跳槽到了别的公司。领导们对此百思不得其解，后来，只有去拜访一位高级的管理人才。

高级管理人员没有对他们多说什么，只是给他们讲了一个白龙马和闷头驴的故事。

故事说白龙马和闷头驴效忠于同一位老板。白龙马载着唐僧西天取经回来，因为有功，所以老板提高了它的待遇，并且好生供养着它，再也不让它干一点活。白龙马载着唐僧西天取经的数年间，闷头驴一直都在磨坊工作，从未懈怠过。看到老板如此善待白龙马，闷头驴想，自己也为老板出力不少了，年纪也不小了，老板也应该让自己安度晚年了。但是，事情并不像闷头驴想象的那样，老板不但没有让它休息、安度晚年的意思，反而嫌它工作效率太低，有换人的打算。闷头驴再也受不了，它跳槽去了别的公司。它走后老板一连换了几头驴子，工作效率都没有闷头驴高，而且磨出的豆浆也没有闷头驴磨的好喝。老板终于明白了，闷头驴这么多年默默地付出，虽然没有像白龙马那样做出什么轰轰烈烈的大事情，但是，公司的发展也离不开它的默默付出。

几位年轻的领导恍然大悟，他们知道公司的发展离不开元老们，元老们所做的工作就像闷头驴的工作，虽然名声不大，但是不可缺少。但是，当他们派人去请元老们回公司的时候，元老们都已在别的公司高就了。

管理智慧：

作为一个企业要想在竞争中立于不败之地，就要善于利用人才，这几乎是所有老板的共识。但自己的企业究竟需要什么样的人才？这个问题并不是所有的管理者都清楚的。有的管理者认为，只有那些冲锋在一线的人员，才是企业的人才，企业的发展全靠这些人。这种理解是比较片面的，就像故事中的元老驴们，它们虽然不能在一线冲锋了，但是企业的发展同样离不开它们，它们的工作经验也许比冲锋在一线对公司来说还重要。因此，企业的发展需要各种人才，只是有的人做的是能够看得到的大事情，有的人做的是不显眼的小事情罢了。

所以，企业的发展，需要不同岗位上的人的共同努力，企业缺了哪一分子，都不能正常运转。并且，即使真有一部分元老级人物不能再为公司做贡献了，也应该妥善安排，让他们能够安度晚年，这样才能解除员工们的后顾之忧。赶老驴去磨坊或者离开公司的做法，无疑是卸磨杀驴，这会让员工们对所在的公司失去信心。

员工心得：

选择一个公司，不仅要看它的现有规模和是否具有发展前途，更要看它是否重视人才的使用。一个懂得尊重人才、合理利用人才的公司，才是一个具有强大发展前景的公司。另外，公司对员工的待遇也不能忽略，员工年老后生活是否有保障，这是能否长期待在该公司的重要因素。

即使一个公司现有的规模比较大，福利待遇也不错，如果它不懂得利用人才，只重视一些看得见的劳动成果，忽视那些默默无闻的贡献，那么，也应该早点做好“跳槽”的打算，否则，一旦你做的不是名声比较大的事情，他们同样也会将你杀掉。

场外音：

做人做事应该懂得知恩图报，过河拆桥、卸磨杀驴的行为，最终会失道寡助。那些只想利用别人，而不想为别人付出的人，最后会变成孑然一人。

只有尊重知识，重视经验，吸取精华，才能让一个人或者是集体更快地进步。不懂得吸取经验的人，就像一个人不知道过去一样，生活是一片空白，什么都要重新尝试。如果是一个企业，不懂得吸取经验的话，那么它无疑是自己降低了自己的起跑线，这样的企业会在竞争中输得一败涂地。

胖头驴应聘记

驴行工作越来越难找，并且报酬少得可怜，甚至维持不了一家老小的生活，迫于生活的压力，有些上进心的年轻胖头驴决定学习一些马的本领，到马才市场上去寻找一份薪金高点的工作。

胖头驴不辞劳苦地练习马的各种本领，直到奔跑、负重、驾车、犁地等样样精通。身怀马技的胖头驴来到马才市场，它看到马才市场需求比驴才市场大的多，但是自己没有忘记自己的出身，只是挑了一个比较苦的差事——犁地去应聘。招聘者一看胖头驴，驴高马大，以为它是一匹壮实的好马，自然就通过了招聘的初试。复试定在老板的农场里面，具体时间回去等通知。

胖头驴通过了初试自然高兴，但是它对接下来的复试还有些忐忑不安，不是因为它对自己的本领没有信心，而是担心它的驴子出身会阻碍了它的前途。胖头驴暗中祈祷，让自己通过复试吧！只要能得到这份工作，它会比其他的马工作得更加认真，会倍加珍惜这份来之不易的工作。

复试的时间在忐忑不安中来临了，胖头驴早早地到了复试场地，它感觉决定命运的时刻来临了。

公司虽然招聘的是犁地马，但是复试时要考验马的各种本领，有些马对此感到不满，放弃了复试。但是，胖头驴对此毫无异议，认为也许公司其他岗位以后会有用，那么，公司选择各种本领都具备的是很必要的。不用说，胖头驴通过了马的本领的各种考验，但是出乎意外的事情发生了，最后一场考试是考马的叫声。胖头驴虽然听到过很多次马的叫声，但是要让它叫得像马，那实在是令它为难，因为无论它怎样拼命模仿，驴子天生的嗓音是改变不了的。胖头驴想到这些更加紧张了，心里七上八下，变得局促不安起来。它耐着性子等到了该它叫的时候了，哪知它一张口便引起驴子们一阵大笑，由于紧张，它的叫声变得太难听了。这时候主考官发话了：“我说你是不是今天嗓子不好，怎么叫得比驴子还难听啊？”胖头驴不知如何应对，但是它想绝对不能欺骗考官，于是它说：“报告长官，因为我是一头驴子，由于紧张，所以叫声比驴子平时叫得要难听。”主考官听了驴子的话说：“难道你不清楚吗？我们招聘的是犁地马，不是犁地驴，你来凑什么热闹？”

胖头驴被当头泼了一盆冷水，变得没有一点精气神了。它的心情糟糕到了极点，一想到应聘的遭遇就悲痛不已，自己花费了那么多的时间去练习，并且掌握了马的本领，最后还是因为驴子的出身而遭到了拒绝。它大呼：“为什么驴子付出了马的努力，就不能得到马的回报呢！”胖头驴越想越伤心，就在池塘边放声大哭起来，它也不知道自己哭了多久，也不知道自己接下来的路该怎样走，当它觉得实在是太累了，想要起身回家的时候，由于过度伤心和疲惫，站起来眼前一片漆黑，头一晕就栽到池塘里去了。

池塘里的水很深，可怜的胖头驴再也没有走出池塘。一头吃苦耐劳又有上进心的驴子，就这样因为没有得到马的工作而丧失了生命。

管理智慧：

在当今社会中，把高学历作为人才的重要标准，甚至唯一身份证明绝非少数企业。其实，有很多人，他们虽然没有较高的学历，但是他们掌握了高学历人才所没有掌握的技能，不妨叫他们“同等学历者”，既然是要选拔人才，那么这批“同等学历者”就不应该被拒之门外。因为，我们所需的是人才，不是空头的学历，那么只要具备了胜任工作的能力，又何必在乎学历呢！更何况由于选拔人才存在身份的限制，同样一份工作，对“同等学历者”和高学历者来说，“同等学历者”更懂得珍惜这个工作机会，因而他们对工作会更加认真负责，工作起来更能吃苦耐劳，所以，一个招聘人员，如果囿于身份的话，最佳人选就有可能被拦在门槛外了。

员工心得：

寻找一份理想的工作确实不是一件容易的事情，但是只有不放弃，才会有希望，要相信“是金子，总是会发光的”。即使在找工作的路上一再碰壁，也不要灰心失望。俗话说“留得青山在，不怕没柴烧”，只要是千里马，总会碰到伯乐。关键是要有耐心去寻找。

如果自己的努力不被人承认的话，要重新思考一下自己的出发点是否正确，一个人在不能改变环境的时候，就只能试着改变自己了。另外，无论做什么事情都不要抱有过高的期望，否则希望多大失望就会多大，最后受伤的还是自己。

场外音：

人生在世难免遇到荆棘坎坷，只有经得起风风雨雨的人，才能看到最后的彩虹。没有什么人可以随随便便地就获得成功，要想获得成功就不能畏惧失败的痛苦和磨难。因为它会锻炼一个人的意志，也只有意志坚定的人才经得起打击。如果，一次小小的失败就能把你击倒，让你萎靡不振的话，那么人生道路上的困难挫折何止千百件？所以，做人不要害怕失败，所谓“失败乃成功之母”，只有善于总结失败的经验教训，才能迎来胜利的曙光，也只有具有越挫越勇的精神的人，才能拥抱最后的胜利。

怀念当马的日子

“老驴”现在的窘境，有些让人无法相信。

一年前，他还是一家公司的业务经理，有着骄人的业绩，公司配给他专车，每月有几千元的收入，这一切都是大家所羡慕的。“老驴”也感觉到自己是公司里一匹不可缺少的骏马。

很偶然地，因为一笔业务，他和总经理有了纷争，总经理的言辞十分尖锐，实在让他有些难以承受。

据说，他和总经理在办公室里吵得不可开交，还拍桌子砸板凳的，造的声势很大。“老驴”说这些年，他为公司尽心尽职，公司的业务拓展多亏了他，而总经理却说这些年“老驴”的待遇一直是全公司里最好的，遇事他都会让“老驴”几分。他们俩越吵越凶，公司里的成员谁也不敢出声，更不敢前去劝架。

吵过之后，“老驴”自动离职了。

“老驴”其实是不忍心离开自己辛辛苦苦工作了这么多年的公司的，总经理得知“老驴”要走，诚恳地挽留他。“老驴”去意更坚决了，他忽然心中有了一种快意，他就是要让公司因为失去他，而遭受到损失，让总经理为这次吵架付出代价。

“老驴”头也不回地离开了自己拼搏了那么多年的公司。

走的时候，“老驴”心里非常高兴，他觉得总经理一定会非常难过。他甚至想，总经理一定会因为不愿意失去他这个得力助手，再次劝他留下来。

但是，事情的发展并没有像“老驴”想象的那样。

总经理看到“老驴”在整理资料，对另一位职员说：“等会儿把那个位置打扫一下，明天有一位新职员进来。”说完转身就走了，他的样子很轻松。

"老驴"离职后，到了另外一家公司，但一年工作下来，"老驴"在这家公司的待遇、人际关系糟糕透顶，他不但要没黑没白地干活，还时时处处受到排挤。原先那个意气风发的商界精英，天天眉头紧锁，唉声叹气，一副郁郁寡欢的样子。"老驴"说，在原公司，他一直以为自己是一个不可多得的人才，到了这个公司后，他才发现自己什么都不是。

"老驴"很怀念过去的那家公司，他喜欢那家公司里的氛围，在那里，他的长处得到淋漓尽致的发挥，对那段日子"老驴"十分留恋。但是，已经回不去了。现在只有老老实实地埋头工作了。

管理智慧：

有些员工会像"老驴"一样耍脾气、讲资格，不把领导放在眼里，作为领导者，既要不亏待有能力的员工，也要做到在员工当中保持自己的威信，一旦威信丧失了，谁都会跑来和自己谈条件。

但是领导者树立威信并不是要独断专行脱离员工，而是要在充分听取员工建议的情况下，做出自己的决定，过于依赖或重用某些人，他们就会觉得自己至关重要，缺少不得，从而产生骄傲的情绪，不再踏实付出。

员工心得：

不要以为自己很了不起，作为一个公司缺了谁都可以照常运转，因为公司的发展是靠大家的共同努力，不要过高估计自己的力量。无论自己多么优秀都不要忘记自己的身份，作为员工服从领导的安排是最重要的，负气、耍脾气，吃亏的还是自己。

在决定自己去留的时候，一定要考虑清楚再做决定，否则后悔莫及。不能为了一时之快，而牺牲自己大好的工作前程。遇事冷静处理是最好的办法，而不顾后果的做法，最终会让自己一无所有。

场外音：

在职场中，许多人都在犯一个同样的错误，当事业处于顺境时，会把自己看得很高，不能容忍工作过程中的挫折。以为自己是最好的，整个公司会依赖你，不能缺少你。

其实，在一个公司里，没有什么人是不可缺少的。在老板眼里，不论你干得如何出色，你都是他的一位员工，一位他付薪而你必须为他提供劳务和智力的员工而已。

对于一位打工者而言，你的职业规划才是最重要的，你必须死守自己的职业规划，忍受许多，承担许多，而不是头脑一热，想做什么就去做什么。

在自己的职业生涯中，做任何事都要冷静，时刻都要知道，自己只是一位员工而已。

第二章 21世纪职场新宠：智驴
——你靠什么在职场立足和生存

一个人要正确地对待得与失，不要过分地追求得到，只有用一颗平常心对待得失，才有可能得到自己应该得到的东西，否则过分强求只会让本能得到的东西从自己身边溜走。

意外的事情时常发生，当意外降临自己不能继续管理企业的时候，作为管理者应该选对接替自己的人才，要任人唯贤，不能唯亲是用。

勇驴和智驴

有一个头脑灵活的农夫，很早就先于别人开始承包耕种土地了。刚开始承包的时候，由于资金有限，他只买了点必需的种子、简单的农具，雇佣了两头驴子。这时候驴的报酬也很低，每天只有七个玉米棒子。出于对未来前景的向往，这两头驴毫无怨言地跟随老板开始了艰苦的创业。

这个农夫不但头脑灵活，干活还非常卖力，再加上两头驴子的鼎力相助，没几年的时间，耕种土地的面积就扩大了几倍。在此过程中，农夫和驴子建立了深厚的感情，农夫经常拍着驴的肩膀称呼他们为兄弟，驴也没拿自己当外人，把全身心都投到了农场上，一心一意地帮助这个农夫。当然，驴的报酬也有所提升，已经逐步涨到了一天十二个玉米棒子了。

随着土地的增加，农夫和仅有的两头驴子已经忙不过来了，农夫又雇佣了一些驴子。农夫的事业真可谓是蒸蒸日上，发展形势一片大好，雇佣的驴子越来越多，最后已经达到了数十头，驴子多了必然也会有偷懒耍滑者，农夫又念及那两头和自己一起打天下的驴子的恩情，所以，干脆不让他们再干耕地这样的风里来雨里去的苦差事，就让他俩做自己的人事主管，进入农场的管理阶层得了。

再说这两头驴子，一头是有勇无谋的勇驴，一头是沉着善思的智驴。自从老板让他们参与了人员的管理，勇驴一下子好像变了个人似的，特爱发脾气，只要是看到下属犯一点错误，他必是严加批评，还要克扣粮饷，甚至在员工面前摆起了架子，当然他所做的这一切都不是为了他自己，他一心一意为老板出力，他认为员工拿着老板的工资就应该全力为老板做事，就像当年的自己和智驴那样。而智驴则不一样，他很少在员工面前大呼小叫，员工犯了错误他会善意地提醒，必要的时候还会亲自做示范。因此，员工们碰到困难都喜欢找智驴帮忙，智驴也总是能够巧妙地把问题解决掉。

一天，勇驴找到了智驴："我说老伙计啊，我们现在是领导了，要有个领导的架子，不能整天和那些普通员工混在一起，那样的话很难在员工当中树立威信"。智驴回答："老哥们，我们虽然属于领导阶层了，但是不深入了解员工，员工都因为畏惧而远离我们，什么问题也不肯向我们反映的话，那我们还去领导谁呢？""哎！你怎么这样想啊，那领导和员工还有什么差别吗？总之，你好自为之吧！"勇驴踱着方步离开了。

没过多久，农夫因为听见好多员工对公司领导不满，就决定来个民主选举，让员工们自己选出自己的领导。

选举大会如期举行，大会采取的是不记名投票，结果选智驴继续当领导的超过了80%，而选勇驴的却寥寥无几。民意所向，老板有心要帮勇驴也没有办法了，只好让勇驴重新去犁地。以前勇驴总是和智驴搭伴犁地，现在他需要有一个新的搭档，但是，由于他当领导时的所作所为，没有人愿意和他做搭档。勇驴只好自己一个人独自拉犁子了，即使勇驴勇猛有力，但是两个人做的活，现在由他一个人来做，还是有些吃力，尽管他努力坚持着，老板还是发现了他的困境，于是，不让他再干活了，报酬还是照旧。虽然自己不用干活，也能拿到和犁地驴一样的报酬，但是勇驴的心里好像缺少了什么似的，总是感觉空荡荡的，它一点也高兴不起来。

管理智慧：

任何企业从无到有，从小到大，都离不开一些创业元老的付出和贡献。在创业初期，老板和跟随自己创业的“兄弟”同甘共苦，建立了特殊的企业亲情关系，企业一旦发展壮大起来，老板首先想到的是提拔和自己同甘共苦的“兄弟”。有功之臣得到重用是对的，但是，提拔要根据对方的能力，如果他只具备“士”的能力，偏偏要他去做独当一面的“将”，那势必会犯小才大用之错，后果严重者则会影响企业的发展。因此，用人不能只考虑功劳的大小，要看实际能力的大小。

员工心得：

作为一名职场人员，要想立足于职场，不但要得到老板的器重，还要得到同事们的认可。要想得到老板的器重就要效忠于老板，把公司的事情当成自己的事情来做，吃苦耐劳无怨无悔。只有老板的器重还不行，还要大家都认可自己的工作才行，这就要与同事们搞好关系，即使自己属于公司的领导阶层，那也只是分工的不同而已，不要在同事们面前摆领导架子，那样会让同事们疏远自己，没有人缘工作就无法进行，最终会像“勇驴”一样在职场当中找不到立足之地。

场外音：

看问题不能只看眼前，要考虑得长远一些，人无完人，每个人都有犯错的时候，要是揪住别人一时的错误不放，那么将来自己犯错的时候同样得不到别人的理解。看问题还要全面，要学会顾全大局，不能为了一个人、一件事就不考虑其他的人和事，只顾一点的人，最后终会因小失大。

另外，权力绝对不是来自武力，要想得到别人的尊重，首先要学会尊重别人，动不动就摆架子的人，永远不会得到别人真正的尊重。

傻驴有傻福

古时候有一个盐商，他用一头驴子运盐。

这头驴子跟着盐商风里来雨里走，吃了不少苦，盐商自然是很感激驴子，不但给它很高的报酬，而且等到了它年老力衰的时候也舍不得更换它，而是又雇佣了一头年轻的驴子来分担老驴的工作。有了年轻驴子的帮助，老驴身上的负担减轻了许多。

一次，盐商带着两头驴子在运盐返回的途中遇上了大雨，大雨使河水暴涨。驴子们在过河的时候湿了身上的盐袋子，老驴感觉这一湿身上的袋子忽然轻了很多，这一发现让它感到非常高兴。

等到下一次运盐过河的时候，它故意在河水里浸湿了盐袋子，这样身上的负担就会减轻。此后，它每次运盐经过河流的时候都如法炮制一番。老驴一直在为自己的这一聪明发现而沾沾自喜，它还把自己的这个经验介绍给年轻的驴子，但是，年轻的驴子说："老板雇佣了我们，他给我们不菲的报酬，我们就应该全力干活，不能干出这等损人利己的事情"。老驴说："你真是年轻不懂得变通，只要不被老板发现，这样做又有何妨！"年轻驴子没有听从老驴的劝告，它还是勤勤恳恳地干活，一次又一次累得全身大汗，老驴看到这些，真为它感到惋惜，"这么傻，吃亏的还不是它自己吗？"老驴暗想，又为自己的聪明感到高兴。

就这样半年过去了，盐商的生意越来越差，就是减少了驴子们的报酬也还是入不敷出，后来，盐商干脆不再做贩运盐的生意了。它看到棉花的生意很好做，就改行做起了棉花生意。他还是用那两头驴子来当贩运工，行走的路线也没有改变，一切和从前一样，只是驴子身上的盐变成了棉花。由于棉花的体积大，和盐一样分量的棉花，比盐多出了好几袋子。看着身上摞满了袋子，老驴牢骚不止："一次让运那么多袋，这不是要把人累死吗？”“我感觉没有多重，和过去也没什么区别啊？”年轻驴接着说道。“唉！不是我说小伙子，和你一样傻的人真的是难找啊！我有办法让自己轻松些，而你等着吃苦吧！”老驴觉得年轻驴真是傻得很。

老驴说自己有办法让自己轻松些，就是指的到河里弄湿身上的袋子。它们来到河边，果然老驴趁商人不在意自己躺倒在河水中，它让身上的袋子充分湿透才起来。等它起来的时候，商人和年轻驴已经走出去几十米了，商人回头见老驴掉了队，就吆喝它赶快走几步跟上来。老驴想赶紧跟上去，别让商人发现了自己的计谋，但是它刚走几步就感到身上的袋子重了许多，那么多的袋子就像一座座小山压在自己身上。老驴怕老板发现自己的计谋，越发着急赶上去，却怎么也走不快，它感觉身上的袋子越来越重，几乎压得自己透不过气来，它挣扎着向前走了几步，腿里却像灌了铅似的，越来越抬不动，老驴变得心急火燎起来，它感觉一口气没上来，扑通一声倒在地上了。商人见老驴倒地不走了，忙回去看，只见老驴倒在地上了，已经没有了气息，它身上的袋子全往下淌着水。

老驴死了，商人非常伤心。这时候，年轻的驴子把事情的经过一五一十全部告诉了老板，并且承认了自己没有早点说出真相的错误。商人终于知道自己的盐为什么越卖越少最终导致破产的原因了，但他觉得年轻驴子非常忠实，就原谅了它。

年轻驴子一直任劳任怨地跟着商人打拼，后来，商人的生意做大了，又雇佣了很多驴子，一直被老驴嘲笑为傻子的年轻驴子，不但薪水翻倍了，还担任了运输主管一职。

管理智慧：

作为老板，要经常深入员工当中了解一下情况，不要太相信员工，即使他是和你一起打下天下的元老，也不能掉以轻心。尤其是当问题发生的时候，一定要搞清楚出现问题的原因，不要让一些人自私的行为慢慢地将公司腐蚀掉，一定要及早地铲除蛀虫，以防后患。所以，建立一定的监管制度非常重要，让员工互相监督，有利于早些发现问题，把问题解决在萌芽状态中。建立监管制度就要寻找一些忠诚有加的员工，让他为我所用，更好地发挥作用。

员工心得：

在工作中偷懒耍滑终归是要被发现的，如果只是为了减轻一点自己的压力而不顾公司的利益，这样做不但得不到同事的认可，而且会让自己在公司无立足之地。任何工作都需要踏踏实实地付出，一份耕耘一份收获，千万不要耍什么花招，否则就会搬起石头砸自己的脚。

场外音：

做人要诚实，任何时候都不能丢了诚信，投机倒把的行为也许会一时得逞，但是要为长远着想就要老老实实、认认真真地做好每件事。尤其是当别人信任你，对你好的时候，你一定要知恩图报，利用别人对自己的好来伤害别人的话，受伤最重的迟早是自己。

做事要分清是非，不对诱惑动心，无论别人怎么劝说都要坚持自己做人的原则，这样才不会轻易地犯错。另外，还要吸取别人失败的经验教训，时刻提醒自己不要犯类似的错误，这样才能在成功的道路上走得更远。

无为驴一鸣惊人

一帮驴子同在一家公司做销售，无为驴就是其中的一名。他平日默默无闻，销售成绩也平平，所以，公司上下都很少注意他。

现如今好像是销售好做，货款难追，该公司就有那么一笔难讨的货款，老板都亲自出马了，货款就是追不回来。最后，老板认为能要回来一点是一点了，总比一分都得不到的好，于是他想到了悬赏要债，谁要是能把五十万的货款要到手，只交给公司三十万就可以了，那二十万算是追债报酬。

悬赏方案一出，那些销售高手们都跃跃欲试，毕竟如能要回债款，自己就能得到一笔不小的收入。他们今天你去，明天他去，十几个人轮番上场结果没要回一分货款。他们不是没见到债主的面，就是债主一副死猪不怕开水烫的样子，好说歹说就是没钱还。

大家对要债都不抱有什么希望的时候，无为驴出马了，听到无为驴要去讨债，大家是一片唏嘘，有的人还直接对他说："哥们，大家都讨不回来，难道你有什么特异功能不成？""我劝你还是省省力气，把你的业务提高些吧！"大家七嘴八舌。无为驴说了句："大家瞧好吧！"就出发了，剩下的是众驴目瞪口呆。没想到，无为驴一出马还真把欠款追了回来，当他把三十万货款交到老板手中的时候，老板也是目瞪口呆了，没想到这么棘手的事情，竟被平时默默无闻的无为驴给办成了。老板决定开个表彰无为驴的大会，并且让他给大家做个报告，介绍一下追债经验。

无为驴在报告会上的报告更是让大家大跌眼镜。无为驴说："我要债没有什么好的办法，只是有一点和大家不同，我给债主要的是三十一万，不是五十万，所以他很痛快地把钱还给我了。"大家一听这话都很吃惊，觉得无为驴真是太傻了，有的人还小声嘀咕："原来是头傻驴啊！”。无为驴接着说：“与其得不到，不如少得到，老板都愿意放弃部分货款，我们为什么还要计较那么多呢！再说，公司利益为重，只要能完成老板交给的任务，不要太计较个人的得失，更不能太贪心，如果想要得到二十万，就会连一万也得不到。在平时做业务的时候，我也是这个样子，从不好高骛远，把握住能够把握的，有的人为了图一时的业绩，而答应客户拖欠债款，给以后要债造成了麻烦，所以，我做的业务从来没有拖欠债款的，我认为做业务不仅要求量，更要求质”。听了无为驴的一番话，大家如醍醐灌顶。顿时，台下掌声如雷。

无为驴的一番话，让老板也是大吃一惊，原来无为驴才是真正的销售人才，只叹自己发现得太晚了。于是，老板当场宣布，以后由无为驴来做业务部主任。

管理智慧：

判断一个人的能力，一定要长期观察才可下结论。一个企业的工作，可以分成“例行”工作及“解决问题”的工作。有的人做“例行”工作成绩可能平平，但是他可能比较胜任解决问题性质的工作，因此在分配工作的时候一定要用对人，用对人就是要适岗选人，以胜任能力为选人的主要依据。“解决问题”的工作，所承受的压力比较大，因此工资也要高一些，这样才能更好地体现出分工不同，劳动报酬也不一样，有能力的人所得必然也会高于一般人所得。

员工心得：

工作中不能只看到个人利益，只顾自己利益的人目光是短浅的，不会有什么大发展。工作应该以公司利益为重，顾全大局，只有公司发展了，公司中的个人才有发展的机会，太计较自己所得的人，必将损害公司的利益，自己也将会一无所获。

工作中应当谦虚谨慎，不能看不起任何同事，每个人都有自己的弱点和强项，应该多学习别人成功的一面。吸取别人的经验与教训，让自己的工作更上一层楼，这样的人才算得上是个聪明的人。

场外音：

一个人要正确地对待得与失，不要过分地追求得到，只有用一颗平常心对待得失，才有可能得到自己应该得到的东西，否则过分强求只会让本能得到的东西从自己身边溜走。

做事要讲究自己的原则，不能因为一点蝇头小利就破坏自己做人的原则。只要你的做法是对的，就要坚持自己的做法，不盲从，不盲信，是金子总会有发光的那一天。

元老驴是这样炼成的

一个商人，利用手头有限的资金注册成立了一个小公司。

创业伊始资金匮乏自不用说，但是，没有资金要招纳贤才似乎比较困难。这时候，商人想到了一个办法，他想暂时把工资定得低一点，等到公司盈利的时候再给大家分红。拿定主意以后，商人在短短的几天内就招聘到了十几名员工，其中包括实干驴。

驴子们进入公司之后，见到的是百业待兴的局面，就连办公室都要自己去布置。这可忙坏了实干驴，他匆匆忙忙帮这个搬桌子，帮那个找椅子，俨然是客人到了自己家里一样。花头驴和实干驴是好朋友，他对实干驴说："你干嘛要帮这个帮那个的，这又不是你的家，没事自己休息一会不行啊？这样的话以后大家有事都要找你做！"实干驴说："没关系，大家既然来这里上班，这里就是我们每一个人的家了"。"真是拿你没办法！"花头驴不再说什么了。

大家很快进入了工作状态，公司业务发展很好，预计盈利不菲，大家都很满意，对公司的未来充满了憧憬，都觉得自己的力没有白出，都有一种付出了得到了回报的感觉。但是，好景不长，公司资金进入了枯竭状态，已经无法周转，老板把这一现状告诉了员工，并且对员工说："战友们，我们的资金出现了周转问题，每天的报酬暂缓发放，等过几天资金一回笼，马上发放"。大家听了这话都有些担心，都怕领不到本月的胡萝卜无法生存。三天过去了，工资还是没有动静，次日就有两头驴子离职了。有人一离职，大家更着急了，花头驴问老板工资的事情，老板只说了句再等等，就急着外出了。这时候，花头驴对实干驴说："哥们，咱们还是撤吧，公司项目再好，没有资金也白搭，这样的公司迟早要垮的。"实干驴说："老板不是说了吗，公司资金暂时周转不开，我们在这时候离开不是拆老板的台吗？""老兄，既然如此，你好自为之吧，我先撤了。”花头驴和另外几头驴子又离开了，没过几天驴子们陆续离开，只剩下了实干驴和另外两头驴子。老板看到这个情况很失望，对留下来的驴子也感到很欣慰。

公司一时无法去招聘新的驴子，留下的驴子就尽心尽责地干着十几个驴子干的活，没过几日公司资金回笼，老板给三头驴子发了约定的每天8个胡萝卜外，还每天增加了2个作为他们留下来的奖励，并且还说年终会根据他们一年的表现，发放红利。

一晃十几年过去了，实干驴一直跟着老板勤勤恳恳地工作，虽然老板身边的员工换了一茬又一茬，公司也遇到几次大困难，就连当初和他一起留下来的另外两头驴子也离开了，但是实干驴一直没有动过离开的念头，因为他看好公司的发展前景，也了解老板的能力，他相信公司一定会有个美好的将来，就这样十几年过来了，公司经历过无数次的风风雨雨，终于成长为知名的大公司了。老板也没有亏待实干驴，他现在不仅是公司的副总，在员工们心中是德高望重的元老，而且他的年薪加上年终的分红，已经超过了百万个胡萝卜，成了远近知名的驴士。

管理智慧：

如何保持队伍稳定，留住优秀人才，是很多公司面临的重要问题，特别是刚刚起步的公司所要面临的问题。多数企业家也明白，打造一支稳定、优秀的团队也早已突破人力资源管理课题的范畴，要想防止人才流失就必须建立强势的企业文化。

企业文化是全体员工认同的共同的价值观，它具有高度的统一性和较强的凝聚力，特别是企业对人才观的贯彻会对稳定员工起重要的作用。企业文化所追求的目标是个人对集体的认同，会为员工和企业之间建立起一种相互依存的关系，最终使员工依恋并热爱自己的企业，员工自动地为企业绩效目标奋斗。这是优于个人权威管理的一种科学的手段。当然企业文化的落地、生根还需要通过引导、灌输、示范、建标等手段来实现的，比如，配合胜任能力辅导、业务能力比赛等一系列实际活动，使员工对企业形成认同感。

员工心得：

在创业阶段头绪多、事情多，作为员工，应事无巨细地都要做，甚至身兼数职成为一个“多面手”，在看待或处理问题时要以“合伙人”的角度对待，如尽可能地避免风险、尽可能地完成任务、尽可能地节省资金。并且，开业伊始，公司在各方面肯定都有不尽如人意的地方。在此情况下，作为员工不能太计较或钻空子，应予体谅，积极主动地工作，自觉自律地遵守职业道德和行为准则，把自身的经验、能力淋漓尽致地发挥出来。

只要自己肯为公司尽职尽责地付出，最后一定能得到应有的报酬。

场外音：

无论做任何事情都要有恒心，只要选对了方向，就不要怕吃苦受累，坚持下去，成功就会属于你。那些畏首畏尾，遇到一点小挫折就退出的人，永远不会成大器。

每个人都会遇到困难，不能遇到任何困难都选择退缩。认真分析困难，哪些是可以克服的，哪些是不能逾越的。面对一些可以克服的困难，就不要轻言放弃，持之以恒地做下去，总会有拨开乌云见青天的时候。

农场兴旺驴夫有责

黑驴在一家农场干了好几年，也没出什么大成绩，每天就是默默地上下班，因此农夫也没有在意他。

真是天有不测风云，人有旦夕祸福，农夫在一次外出中发生了交通事故。农夫有生命危险，众驴子听说后议论纷纷，大家都担心农场的未来。幸运的是农夫脱离了危险，但是还要住院休养很长一段时间。农夫住院农场只能由他老婆暂时打理。

老板娘对农场管理一无所知，刚开始大家不知道老板娘的无知，都专心致志地工作。一天，一个搞外销的驴子算错了账少收了别人的钱，他怕老板娘批评就故意把账记得乱七八糟，到时候就说一时没弄清楚账目，来给自己找个理由。当他把记得一塌糊涂的账目交到老板娘手中的时候，老板娘翻了一下就说："好的，放这里吧，你回去休息吧！"那头驴子忐忑不安地回去了，他想老板娘肯定是要等他走了以后再仔细核对项目，那么第二天上班的时候挨批是少不了的了。没想到，第二天自己再去交账的时候，老板娘只字未提前一天账目的问题，他忐忑不安的心终于放下了。

外销驴和其他驴子谈论老板娘是怎么对待账目的时候，被黑驴听见了，外销驴说："我记得销售的账与实际的产量不符，第一次不是故意，一直怕老板娘看出来，结果她根本就没有发现，之后我故意搞错，这几天赚了不少呢！""你小子，真有你的，一定要请客啊！"几头耕地驴七嘴八舌地说，"不过，我们这些日子也比老板在的时候好过多了，老板娘来看的时候我们就干活，她走了我们玩升级，一天耕不了多少地，但是她也没说什么！"几头驴子正洋洋得意，黑驴进来了："你们太过分了，怎么能这样做呢？你们这是趁老板之危，这样会把农场搞垮的！""哎哟，你是谁啊？凭什么管我们？""老板不在，把自己当老板了啊！”“别自不量力了！”外销驴和耕地驴们一起反驳道。黑驴说：“你们不要太自私了，等着瞧吧！”黑驴说完就去找老板娘了。他把听到外销驴和耕地驴们谈的话都告诉了老板娘，又说：“看情形，其他岗位上的驴子因为老板不在也会玩忽职守的”。老板娘听后大吃一惊，她说：“怎么办呢？这下农场一定会垮的，但是，不能让老板知道，他的伤势刚好了一点，要是再操劳的话，恐怕后果不堪设想。”老板娘急得团团转就是想不出解决问题的办法。后来，黑驴开口了：“我想当务之急，应该针对现状制定一些规章制度，并且实施监管，该奖的奖，该罚的罚！”“可是，如何制定制度啊，我是一窍不通啊！”老板娘很着急。黑驴说：“没关系，如果可以的话，我愿意帮您。”“那真是太好了，农场有救了，你就多费心吧！”老板娘高兴地说。

黑驴回去以后，当晚就开始帮老板娘制定一些暂行的规章制度，他花了整整一夜的时间，写了改，改了写，最后终于觉得可行了。虽然一夜没有休息，但是黑驴觉得在老板危难之际，自己能为农场出点力是一件值得高兴的事情。当他把一沓规章制度放到老板娘面前的时候，老板娘简直惊呆了：“啊，这么快啊，我以为至少也要几天才弄完呢！快告诉我你是怎么写的？”黑驴说：“没什么，我是昨夜加了一夜班而已。”老板娘拿着看了又看，如获至宝。

当天召开全体员工会议，会上宣布了新的规章制度，还有监管措施。老板娘指出了有的员工犯下的错误，她没有提及名字，说是给他们一个改错的机会，重新开始，既往不咎。这下外销驴他们再也不能钻公司的空子了，但是他们也猜到了一定是黑驴搞的鬼。

以外销驴为代表的那帮驴子开始故意冷落黑驴，甚至故意讽刺挖苦，对于这些，黑驴并不在乎，他视而不见，一直帮老板娘监管农场，在农场里加班加点，致使农场秩序维持良好，生产有所提高，直至老板重回农场。

管理智慧：

意外的事情时常发生，当意外降临，自己不能继续管理企业的时候，作为管理者应该选对接替自己的人才，要任人唯贤，不能唯亲是用。很多管理者都知道家族企业存在很多弊端，如果让不懂管理的亲人来代替自己管理工作，而又没有得力助手的帮助，公司将直接面临破产的危险，那么后果比家族企业的弊端严重得多。所以，管理者不能只相信自己的亲属，平时应该多了解一下员工，让那些有才能的员工在关键的时候发挥作用，为我所用，那才是成功者的所为。

员工心得：

每个公司开业伊始，总是想大干一场做一番事业。但对碰到的困难要么估计不足，要么就措手不及。作为一名员工，应正视这一事实，以常人的心态对待之。既要积极地投入工作，同时对企业可能碰到的问题有个客观的评价，是发展中的问题还是失误造成的问题；一旦碰到问题时，不是去如何回避、如何推卸，而是要找出问题产生的原因，并努力去解决。假如以旁观者的身份发发牢骚或评头论足，既显不出自己的高明，也不会得到老板与同仁们的认可。

作为员工在服从、尊重的前提下，应以主人翁精神经常提出自己大胆的设想、做法，应经常与老板或其他员工沟通以达成共识，并努力使之实现。这样一来既拓展了老板的思路，又为实现自身价值打通了一条管道，对公司的发展大有裨益。

场外音：

做人不能落井下石，趁人之危，这种人不仅道德水准不高，也不会得到别人的赞同，抱有这种心态的人最终会成为过街老鼠，是无法在社会上立足的。

面对处于困境中的人们，我们不能沉默，更不能冷眼旁观，应该救人于危难，雪中送炭才能够见真情。如果我们每个人都把帮助别人作为自己的责任，那么我们的社会将会到处充满温情；如果我们都抱着事不关己高高挂起的心态生存，那么你心中的荒芜将会蔓延到整个社会中。所以，我们每个人都有献出一份爱心把世界变得更美好的责任。

蠢驴之死

驴子最早的主人是希腊寓言家伊索。有一次，伊索让他的驴子驮着一座宙斯的神像进城，不少路人拜倒在地。驴子以为是向它敬礼，得意地站在原地不肯走了。伊索狠抽一鞭子喝道："你这头蠢驴，以为人家是在膜拜你吗？"

伊索觉得这头蠢驴干什么都不行，干脆把它卖了。有个陶匠正要把陶器搬到市场上去买，就买下了驴子。陶匠赶着驴子，运了很多陶器到市场去。不料驴子发起了驴脾气，故意一歪身子，把所有的陶器都摔在地上跌破了。陶匠坐在地上哭哭啼啼。一位印度云游僧路过市场，问他为何哭泣。陶匠说："我怎么能不哭呢？我花了整整一年工夫才烧成这些陶器，可这头瘟驴子不到一分钟就破坏光了。"和尚高兴得跳起来："这可真是一头能干的驴子。它一分钟工夫，抵你一年工夫。你把它卖给我吧。"

和尚用云游天下化缘得来的钱买下了这头驴子，然后骑着驴子回印度见师父。他师父是印度著名高僧，尊者伽斯那。伽斯那见徒弟买了一头驴子回来，问他为什么。徒弟说："师父，这头驴子好本领。有个希腊陶匠一年做成的陶器，它不用一分钟就毁得干干净净。"伽斯那叹气道："可是它花一百年也做不了一个陶器呀！"

伽斯那一怒之下，罚徒弟面壁三年，然后把这头驴子送给了到印度取经的一个中国和尚。那个中国和尚是贵州人，从没见过驴子，觉得奇货可居，于是不再取经，带着这头驴子回了家乡。可是到了家乡，才发现驴子根本派不上用场，就放生在山下。贵州山里有老虎，也从没见过驴子，一见如此庞然大物，以为是山神，就躲在树林里偷看。看不真切，又小心地走近一些，但是心里没底，又不敢走得太近。驴子突然噜噜地叫起来，躲在树后的老虎以为驴子发现了自己，马上要咬自己了，吓坏了，赶紧躲进树林深处。幸亏驴子没追赶。驴子叫了几声，老虎就不太害怕了，就在驴子身边转来转去，故意蹭了驴子几下。驴子被弄得不耐烦，发怒地尥起蹶子，蹬了老虎一脚。老虎大喜："原来你就这么两下子。"猛扑上去，咬断了驴子的咽喉，把驴肉吃了个精光。

驴子就这么死了。

管理智慧：

如果一个人常常改变工作单位的话，那就不仅仅是他任职的单位有问题了。这说明这个人也存在很大的问题，不是工作能力有问题，就是他对工作太挑剔，所以，做为管理者，如果遇到这样的应聘者，还是敬而远之的好。

考察一个人的能力，要看他的综合能力，不要因为他的一点点特长，就判定他是人才。人才的选拔不仅要根据自己的实际需要，还要让人才得到充分的利用，否则，所做的一切就是浪费时间，浪费金钱，对于管理者和所谓的人才来说都不会有什么好处。

员工心得：

要想在职场中立足，首先就要学会服从，如果一味地自作聪明的话，后果将会和故事中的蠢驴一样。只有肯干、实干的人才会得到老板的认可，偷懒耍滑最终会是搬起石头砸自己的脚。

做事应该讲究方法，不能蛮干，要善于吸取经验教训，不能一再失败，任何企业都容不下一错再错的人，要想在单位长久地呆下去，就要小心谨慎，少犯错误。

场外音：

对好坏的评价，不同的人有不同的标准，但是一定要记住适合自己的才是最好的。现在很多人都在盲目消费，就像故事中的印度和尚一样。但是，一种东西无论别人说得怎么好，如果不适合自己，买回来也只能是废品一个。所以，做事情要有自己的判断标准，要符合自己的实际情况，不要盲目听信别人的话，一切从自己的实际出发，根据自己的需求买进，这样才不会浪费资金。

第三章 笃行之驴最难当
——怎样让你的工作从平庸到卓越

企业对员工的激励有很多种，但是提高员工工作积极性，稳定员工队伍的重要手段就是精神激励。

只有不断地探询别人对你工作的评价，你才有可能知道自己的长处与短处，才能继续保持自己的优点，不断改掉自己的缺点，让工作更上一层楼。

拉磨驴成功新法

小驴，已经过了18岁，大家说他已是成年驴子，得找工作养活自己。

现在的驴子多，找工作不容易，听说，很多驴子都找不到合适的工作，在家待着，小驴家里经济条件不行，可不能再在家闲着，一定得找到工作才行。

小驴分析自己的各方面条件后，认为还是干老本行最好，就是拉磨和驮货。他觉得驮货不太好，经常要出差，现在外面很乱，遇上抢劫什么的，那就惨了。

说来也真凑巧，一家面粉厂要招两个拉磨的伙计，可是面粉厂开出的条件很高，要本科以上学历，外语要达到六级，一个拉磨的，要那么高的文凭干啥？但是小驴太喜欢这个工作了，只好找人跑到招聘部门讲情，给小驴一个初试的机会。小驴很努力地表现自己，得到了招聘经理的认可，终于得到了这份梦寐以求的工作。

上班第一天，老板就对小驴说："你的工作就是要把磨拉好，拉稳，工作不能迟到早退，要打卡，每迟到早退一分钟就要扣钱，工作时间不准东张西望，不准公话私打，不准……"反正有许多的不准，小驴记不住了。

然后老板对小驴说："拉磨这项工作是十分重要的，具有相当的科技含量，如果拉出了水平，拉出了风格，那么你就成功了，在驴子界就是科技精英了。"

这番话说得小驴十分激动，心想一定要好好干，干出水平来，实现自己的驴生价值。

上班第一天，老板就拿出一块黑布让小驴把眼蒙住，他不太乐意。老板说："这是防止你胡思乱想，要专心工作。"小驴一想，老板真是一个好人，他是竭力想帮助自己尽快成为一头拉磨名驴。这样一想，小驴觉得老板很关心自己，他对老板充满了感激之情，决心好好工作来报答老板。

于是，小驴的工作开始了，小驴不停地围着石磨转圈，磨盘发出"吱呀吱呀"的声音。不知道干了多长时间，老板终于让小驴停下来休息了。取下蒙在眼上的黑布，小驴一看，天哪，竟然磨出了这么多白白的面粉。这时候他发现天已经黑了，自己也感到很疲惫，但是小驴一想到许多人将吃自己磨的面粉，一下子有了成就感。

过了一段时间，报纸上说不准私营老板虐待员工，结果老板被点名批评，说给小驴眼上蒙布是没有驴道的，剥夺了驴子的明视权。小驴倒没有什么想法，只要老板工资照付，自己在事业上有所成就，小驴是不会太在乎什么明视权的。

老板被点名批评以后，再也不敢让小驴蒙上眼睛干活了。但是，不蒙眼睛，小驴老是想往外看，还想看一下同事磨的面粉是否比自己的多，这样一来还真不如蒙上眼睛的时候磨面效率高。

小驴一心想做个磨面的成功人士，这样下去可不是办法，因此，他要想一个能让自己专心致志的方法。于是，工作之余他找来基本管理书细细研究，他终于在一本书上看到了一种心理学管理方法，据说具有国际先进水平，这种办法其实也简单，就是在小驴的面前放一把青草，什么时候完成了工作计划，小驴就能吃到这把青草。为了早点吃到这把青草，小驴就不断地往前走，再也无心留意其他的事了，就靠这种自我激励法，小驴完成的任务比以前增长了 6 个百分点，在拉磨界算是最好的成绩了。

老板对此非常满意，把小驴的年薪从 10000 斤青草涨到了 15000 斤青草，这样的待遇，在驴界可是最高的了。小驴终于初试了成功的喜悦。

管理智慧：

企业对员工的激励有很多种，但是提高员工工作积极性，稳定员工队伍的重要手段就是精神激励。精神激励可以让管理者和员工有效沟通，通过有效的沟通，扫除员工的思想障碍，使员工产生被关爱感，必然能提高工作积极性和对企业的归属感。并且，激发员工工作热情，可以在很大程度上消除抱怨、推诿的工作作风，使员工工作的目标性更强，这样就能迅速提高员工的工作效率。但是，精神激励一定要采取正确的方法，激励要在不违法、不违规的情况下进行，否则会得不偿失。

员工心得：

想让自己的工作突出，不但要选择一个能给员工发展提供平台的企业，而且最重要的是自己要踏实地付出。老是做同一项工作，有时候会让人感觉乏味，渐渐地失去对工作的热情，但是想要干出成绩，就要不断地自我激励，调动自己的积极性，保持对工作的热情。

工作要有明确的目标，只有目标明确了，才有前进的动力。一步步向目标靠近的时候，会让人感觉过得非常充实，每天重复地工作也不再是例行公事了。

场外音：

平淡的生活往往会让人感到厌烦，对日复一日的重复工作也失去了热情。但是，人生要想有所成就就必须耐得住寂寞，把平淡的生活经营得红红火火 。不要让生活左右自己，自己要成为生活的主宰者，时常给自己一个目标，让自己的生活充满动力。给自己制定目标不宜太长久，要选择一些短期内能够实现的目标，让自己一点点的前进，这样就会对自己充满了信心，过得会比较充实，生活也会充满了乐趣。

造犁不误犁地功

一群犁地驴子，整天任劳任怨地干活，每天都想比前天犁的地多，但是每天完成的工作量都没多大差别，就这样，效率一直上不去，大家都以为尽了最大的力了，效率没法再提高了。

老板每月都要奖励工作突出者，一头拉磨驴由于工作效率不断提高，报酬已经由原来的每天 8 个胡萝卜变成了每天 10 个。并且老板还说谁要是工作突出了，也会把他的待遇提高到每天 10 个胡萝卜，这对驴子们来说确实是个诱惑，也着实让驴子们激动了一番。然而拉磨驴受奖的消息不断传来，犁地驴也不想落后，还在尽力提高效率，但是无论犁地驴怎样努力，工作效率就是上不去。

其中一头犁地驴子，因为长得英俊，大家都叫他英驴。英驴平时工作认真卖力，但是自从老板的奖励政策一出台，他好像工作没有以前卖力了。犁地也不专心，犁一会就停下来看一会儿，大伙都说英驴这样下去别说受奖励了，就是连工作任务都完不成。平日和英驴友好的驴子也劝他："伙计，这两天犁地心不在焉的，小心年终完不成任务受不到奖励，反而挨罚啊！"英驴说："伙计，我在测试咱们犁地的深度，我想看一下是什么原因让我们犁地那么费劲而又提高不了速度，但是一直没找到原因。""那你还是和大家一样好好犁地吧，别指望受奖，完成自己的任务就行了"，好友劝解道。

英驴不顾好友的劝告，还是一心要找出大家工作效率上不去的原因，他犁一会停下来分析一会，就这样又过了好几天工作落下了不少。渐渐地大家都知道了英驴在研究怎样提高工作效率，有的驴子开始嘲笑英驴自不量力，一心想得到奖励而不务正业。

风言风语并没有阻止英驴要找出大家犁地效率低的原因。经过一番研究后，英驴终于发现犁地效率上不去是因为大家所用的工具不适合那片土地的土质，那儿的土地已经板结，要用一种非常尖的犁才能迅速插入并且拉起来也省力气。有了这一发现，英驴工作之余开始制作那种尖利的犁，经过一段时间的加班加点，他还真的造出了一个尖利的犁，拿到工作现场一试，果然犁地效率提高了很多。

英驴把自己的这一发现报告给老板，老板有些不相信，他想，自己一直想法提高犁地驴的效率都不见效，就凭英驴自己就能解决这个难题？真有些不可思议。老板当即让英驴带自己去试验他的新工具，结果还真如英驴所说，驴子们用这种尖犁犁地，拉起来既快又省力气。老板不得不夸英驴是少见的驴才，不仅爱思考问题，还能靠自己的发明创造来解决问题。

老板让人按照英驴的做法，制作了很多新的犁子发给每个犁地驴，犁地驴们干起活来更加带劲了，工作效率提高了 8 个百分点，这在驴界是无人可以比拟的，因此，老板把所有犁地驴的报酬都提高到了每天 10 个胡萝卜。这下大家都很敬佩英驴了，都说他真是造犁不误犁地功，并且自己有了新发现不忘弟兄们。

管理智慧：

科学技术就是生产力，一个企业需要新的技术，作为员工要想提高生产效率也需要采用新技术，因此埋头做事的员工不一定是优秀的员工，只有那些善于总结经验，懂得寻求更好的处事方法的员工，才是优秀的人才。新生产技术的诞生离不开劳动实践，每个人都可以在生产实践中发现新的生产技术，只是有的人善于思考研究，有的人只知道埋头实干而已。所以，作为一个企业一定要大力提倡创新，积极鼓励创新精神，那样才会有新生产技术的不断产生，从而提高整个企业的生产率。

员工心得：

工作中不能一味地埋头死干，要想让自己工作得更出色，就要善于动脑，勤于总结工作经验，积极思考提高工作效率的办法，不要只是机械地工作，这样才能让自己的工作更优秀。

工作不能随大流，即使大家都反对自己的做法，也不要轻言放弃，要相信真理往往掌握在少数人的手里。成功永远属于不放弃努力，坚持到底的人。

场外音：

勤学善思，积极主动的人才能把握住成功的机会，否则机会就是在你眼前，你也会眼睁睁地看着它流走。凡事都要问个为什么，不找到原因不罢休，充满疑问地活着，生活才会更有动力。

做人要有主见，不要轻信别人的话，自己认定的路，就要坚持走到底，只有走到最后，才会知道结果是什么，如果连坚持的勇气都没有，这样的人永远品尝不到成功的果实。

驴和骡

一个商人雇佣了一头驴子和一头骡子来运东西。招聘的时候商人把驴子和骡子的报酬分别给他们说了一下，他们都对自己的报酬感到很满意，很快就上任了。商人说以后驴子和骡子就是搭档了，让他们互相认识了解一下，几天后就要随商人运货到远方。

驴子和骡子在一起相处了几天，对彼此都有了一定的了解，并且驴子知道了骡子的工资竟然比自己高一倍，他有些不开心，但是又一想，骡子比自己的力气大，也许老板让他驮的货物也比自己多一倍呢！这么一想，驴子高兴多了，他甚至在劝慰自己：量力而行嘛！凭自己的力量做事，不能太羡慕别人。

又过了几天，商人带着驴子和骡子出发了。商人想，一开始让骡子运很多东西的话，他可能坚持不了，不如让他和驴子运的同样多，等驴子累了再把东西转移给它一些。驴子没想到商人让驴子和骡子驮的东西一样多，这下驴子感到非常气愤："为什么骡子的报酬比我多一倍，却让我和他驮一样重的货物？这样太不公平了。"驴子对商人的做法感到不满，一直闷闷不乐，走起路来也无精打采。

走了一段路以后，驴子就比骡子慢了下来，老板说："本以为你能支持一会，没想到这么快就支持不住了"，老板把驴子身上的货物移了一部分到骡子背上。这时候驴子稍稍高兴了一点，但是他还是觉得不公平，因为骡子身上的货物并不是他身上的两倍。又走了一段路以后，驴子不知不觉间又慢了下来，商人把货物又移到骡子身上一部分。最后驴身上的货物是骡子身上的一半了，驴子才感觉心理平衡了，这时候商人得意地说"看来我制定的工资制度还真符合实际情况，多劳多得嘛！"

运货回来驴子和骡子又可以休息几天了，没有了工作的压力，驴子又和骡子亲密交谈起来了。“你的能力是比我强，但是我也能完成老板交给的任务，只是我觉得他制定的工资制度不公平，凭什么一开始就断定我不能和你运同样多的货物啊！”驴子说。“哦，原来你的能力也不差啊！那你为什么不证明给老板看呢？只要你有能力，老板应该会提高你的报酬的。”骡子回答。驴子一想也对，于是决定下次运货好好表现。

等到再次外出运货的时候，驴子一直走得很带劲，丝毫不比骡子慢，老板就没有转移驴子身上的货物。到了目的地之后，老板说驴子的表现很好，提前到达目的地了，请驴子和骡子吃大餐作为奖励。

晚饭很丰富，但是驴子似乎高兴不起来，这一切骡子都看在了眼里。晚饭结束后骡子主动开口了：“是不是很失望啊？”“嗯”驴子回答。“没关系，慢慢来，你只要坚持表现，每次都不比我差的话，老板会改变想法的。”骡子劝解。驴子虽然有些不快乐，但是他认可了骡子的说法，决定再努力几次。

接下来的几次运货过程中，驴子真的坚持下来了，他任何时候也没落在骡子的后面。老板对此有些不解，他找来驴子谈话：“为什么你第一次运货的时候不能那么坚持，而后又表现得丝毫不比骡子差呢？”驴子直言：“和骡子运同样分量的货我是感觉有些吃力，但是我要证明自己不比他差，我想有和他一样的待遇。”

老板觉得驴子确实是一个上进心很强的驴子，就答应了把驴子的待遇提高到骡子的水平，并且说：“你什么时候坚持不住了可以说一声，不要勉强自己，让骡子帮你一把，没什么不可以的，同事之间应该相互帮助”。

驴子终于实现了自己的愿望。

管理智慧：

公平的薪酬体系是打造稳定职工队伍最关键的要素。一套不公平的薪酬体系会让员工产生埋怨、猜疑、攀比的情绪，员工对企业的满意度和信任感就会降低。但是公平的薪酬体系并不是平均主义，一个真正公平的薪酬体系应该是基于横向的平等性与纵向的差异性来设计的。横向的平等性是指具有相同职业等级，同等工作经历，相同的学历背景的人的薪酬等级是相同的，薪资水平也是基本一致的。纵向的差异性指不同的行政级别、不同的作业类型、不同的工作经历，不同的学历背景其薪酬等级是存在差异的，薪资水平也是有区别的。这一套体系的设计需要在对公司全面的岗位测评前提下完成，全面的岗位测评可以保证整个体系的公平、公正性，当然体系一旦形成就应该面向全体员工公开。公平、公正、公开的薪酬体系是稳定员工思想，增强员工对企业归属感的重要因素。

员工心得：

只要自己有能力，就要有不服输的精神，要用实际行动来证明自己，不要只是一味地消极抵抗，那样是不能解决什么问题的。

遇事要多与身边的人商量，征求一下别人的意见，也许你的眼界就会因此变得开阔起来。

如果你对公司的哪个地方存在意见，千万不要闷头生气，你大可直接找老总说明，只要你说的有理，领导总会接受的，积极地与上级沟通，才是解决问题的要领。

场外音：

不能以人的身份来判断人的能力，只有亲自看一下才能下定论，人生中有好多事情都是这样，不要墨守成规，亲自实践一下，也许结论和你所知道的并不一样。

如果觉得自己是金子的话，那就要趁早释放自己的光芒，如果被埋没，不要怨天尤人，怪只怪自己没有积极地去争取。

万能的驴助理

开贸易公司的驴总最近很兴奋，原来因为他找到了一个称心如意的驴助理。

同样是助理，怎么就会有那么大的差别呢？提起驴总以前的那个助理，他觉得她能把人气得跳楼，跟现在这个比简直是天上地下。贸易公司的生意很火，驴总每天要处理很多事情，肯定有忙不过来的时候，这时候助理就应该发挥作用，但是驴总过去那个助理，简直就是个摆设。

记得有一次，一个客户要来公司了解业务，而驴总正在准备给一家大公司签单的材料。这时候一个电话来了，助理拿给了驴总，驴总很无奈，拿起来说了两句；一会又一个电话来了，助理又拿给驴总，驴总火了：“你没听见我刚才对他说的话吗？他找不到来这里的路，肯定是又来问路的，你告诉他就行了嘛！”

助理被驴总吓得泪都快要出来了，驴总看了觉得又可气，又可怜。但是，作为一个老板发薪水不能因为可怜。

驴总又换了一位助理，这位助理大学刚毕业，确切地说，前来应聘的时候还是一个尚未毕业的专科生。刚开始驴总并没有太在意她，确切地说是因为她的学历不高并且还没有毕业，驴总对她没报多大的希望。但是在前来应聘的几个人中她话不多，但挺诚恳，举止也很大方得体。驴总跟她签了约，试用期为三个月。结果第一个月还没过，驴总就提前让她转正了。

她究竟有什么样的本领，得到驴总如此的厚爱呢！有三件事情，使得她助理的身价暴涨。

第一件事，驴总让她订早上九点左右的机票。她没有直接找公司原来签的订票公司订票，而是又打了几十个电话后，找到了几家更便宜的订票公司。然后，她向驴总汇报，公司原来签的订票公司价格还不够便宜，她找到了几家更便宜的。然后把她的寻找结果发到了驴总的邮箱里。她做了一个简单的列表：时间、航空公司、机型、哪个机场起飞，让人一目了然。这让驴总觉得自己换助理还真是换对了，以前的助理从来没有做过这样的事。

第二件事，让她代收供货商送来的样品。大大小小一共几十件。她也列了个详细的清单，让供货商签字。这也是供货商们从来没有想到的事。样品嘛！一般人都不会做得这么细致。有的公司还觉得样品越多越好，反正是不用付费的；还有的公司成员（当然包括老总助理）总爱把样品占为己有。她这样的单子一看不但能知道有什么样品，还能避免公司成员乱拿样品的事情发生。

第三件事，一个客户打电话来催款，驴总就在助理的面前，她对着话筒说："驴总出去开会了，等他回来我转告好吗？"然后放下话筒对驴总说："老总，那家公司催款很急，我看给他们准备一下吧"。驴总对她的做法非常满意，这样不仅给他留下了备款的时间，还避免了和客户正面接触的尴尬。

虽然助理仅仅是一位大专生，而且工作经验也不丰富，但是驴总已经打算再观察她一年，以后培养她做自己的副总经理了。

管理智慧：

虽然学历不高，但驴总的助理显然已经具备了某些可以让顶级贸易公司领导垂涎的能力。对于所有的老板们来说，能找到这样的助理真是一件幸事。一方面是成千上万的人找不到工作；另一方面是一些职位空缺却找不到合适的人。在这个职场里，有的人很好用，有的人很不好用，而且这的确关乎能力，而与学历、专业无关。所以，选人的时候，不要太计较学历，有能力才是最重要的。

员工心得：

做事一定要细心，要多为公司和他人着想，善解人意往往是使人工作突出的法宝，如果做什么事情都要别人指示的话，那就和机器人一样了，这样的人工作不会干得长久的。

在工作中要有自己的主见，不能别人分派自己做什么自己就只会做什么，要学会随机应变，发挥自己的自主性，只要是对公司有利的事情，自己就可以大胆去做，不要等汇报完上级而错失了良机。

场外音：

看人不能抱有学历上的成见，有的人学历很高，往往是应变能力很差，凡事都墨守成规，甚至是迂腐可笑。有的人虽然学历不高，但是办事能力很强，什么事情交到他手中都能很顺利地完成。所谓学以致用，关键还是要看用，如果满腹经纶无处可用，岂不是白白学了那么多的知识，还不如知识不多，却恰到用处。

驴子打电话

一个农夫由于租种的土地越来越多，他一个人忙不过来了，就想雇用驴子来帮忙。但是，以农夫的实力他还不能常年雇用驴子，因为除了犁地之外他没别的活让驴子干，春耕的时间一过驴子就派不上用场了，如果常年雇用驴子，不但驴子多半时间闲着，而且农夫也没有那么多钱付佣金。

于是，农夫想了一个两全其美的办法，他想在春耕期间高价短期雇用驴子，等春耕一过就结束雇用关系。农夫招聘的广告一打出，还真有不少驴子前来应聘。农夫挑了一名比较健壮的驴子，他对驴子说如果干得好的话可以长期合作，驴子也很想每年都做这份犁地工作。于是农夫和驴子商定了犁地价格，并且交代了犁地的要求，一切包给驴子后，农夫就离开了，只等驴子把活干完以后来领工钱了。

这头驴子还真能干，农夫本来预计两个月犁完的地，他一个半月就完成任务了。农夫到地里去验工，觉得干的活还算过得去，就把工钱交给驴子了。

驴子回到家以后，觉得农夫好像是有什么不满意的地方，但是，他觉得自己干活已经尽力了，不知道农夫还有什么不满的。驴子想，农夫这个人还算爽快，说给多少工钱就给多少工钱，也没故意挑毛病克扣，并且农夫的土地还算不错，犁起来也不太费事，应该和农夫长期合作。但是，农夫究竟对自己的工作有什么不满呢？他决心弄清这个问题。

驴子假装是一个求职者给农夫打电话。

驴子：“您好！请问您还需要短期犁地驴吗？”

农夫：“不需要了，今年的地已经犁完了。”

驴子：“那明年呢？明年是否需要啊？我犁的地很深。”

农夫："明年再说吧！我今年的兼职驴犁地也很深。"

驴子："我犁地很仔细。"

农夫："哦，怎么仔细法啊，你会把地边留小点吗？"

驴子："只要您喜欢，我会那样做的。"

农夫："好吧，我考虑一下明年给你电话吧。"

驴子终于明白了农夫对自己的工作有什么不满了：原来他嫌留的地边太大。

弄清楚问题的所在就好办了。第二年春耕来临的时候，驴子给农夫又打了一次电话，他很诚恳地对农夫说，去年犁地留的地边太大了，他发现别人犁地留的都比较小，如果农夫今年还让他去犁地的话，他会把地边留得更小些。农夫听见驴子发现了自己犁地的缺点，并且主动提出来了，就答应让驴子再一次帮自己犁地，如果干得好的话还可以加薪。

驴子这次犁地更加卖力了，尤其是留意地边，基本上没有犁不到的地方。农夫对这次犁的地也非常满意，他虽然没有过多赞扬的话，但是脸上一直乐呵呵的。他没有食言，除了给驴子约定的报酬外，还给驴子加了 200 个胡萝卜。俩人约定，以后只要驴子愿意干，每年的犁地工作都交给他来做。

管理智慧：

一个人不一定每项工作都做得那么完美，谁都会有工作上的漏洞，这些漏洞有时候自己能够发现，有时候别人不提自己根本发现不了。当管理人员对员工有什么不满的时候，不妨直接指出来，这样便于员工改正，如果坐等其变的话，并不是每个驴子都会像故事中的驴子一样，会主动来询问你对他的看法。只有上下级顺畅地沟通，才有利于工作的改进，否则会造成不必要的时间和人才浪费。因为有的员工做得不好，不是因为他不能做好，而是他不知道自己做得不好，因此，管理者一旦对员工的工作有意见，就一定要及时地指出来。

员工心得：

只有不断探询别人对你工作的评价，你才有可能知道自己的长处与短处，才能继续保持自己的优点，不断改掉自己的缺点，让工作更上一层楼。

遇事不能不要萧规曹随，凡事要想清楚事出何因，多问几个“为什么”。只有找出事情的原因，才能把事情处理好。

场外音：

多听听别人的意见总是好的，只有善于纳谏的人，才能不断地改进自己。一意孤行，自以为是的人，最后吃亏的还是自己。不管别人说得对错，都要仔细听一听，所谓“有则改之，无则加勉”，可以从别人的话里总结一下经验教训，以免自己以后再犯类似的错误。

当局者迷，旁观者清。自己对自己的优缺点也许不如别人看得清，当别人说出你的缺点的时候，你也许觉得比较刺耳，但是一定要虚心接受。人无完人，每个人都是在不断的进步中完善自我的。

驴子的沉默

小驴读书的时候就有很好的人缘。到农场工作后，他干活卖力利索，为客户服务热情周到，颇得大家的好评，等着他装货的人总是排成一长溜。

小驴把农场里的货物运出农场装进客户的马车，他干得很充实，显得从容而又愉悦，也吸引了客户们赞美的目光。周一早晨，老板开完了例行的周会，没想到他阴沉着脸留下了小驴。他没好气地说："昨天，一位客户向我反映，你中午值班的时候拒绝给他装车！"老板没等小驴开口就发出一阵连珠炮似的质问："你忘了自己是干什么的？你在这里干什么？你不想干可以跟我说一下，别耽误了客户的时间！"老板的大嗓门像喇叭一样，一声比一声高，许多人都过来围观。面对这突如其来的质问，小驴感到非常难堪，再加上那么多人都看着他，他觉得尴尬极了。但他还是低下头强忍着在眼里打转的泪水，满脸通红，没有吭声。

小驴想起昨天中午值班，刚准备给一位客人装车的时候，另一位装完车刚离开的客户又回来了，说是自己的马车走到小水沟附近翻了车，恰好孩子也在车上被卡在车下了，客户回来找小驴帮忙救人。小驴二话没说跟他跑了，时间就是生命，救人要紧。这时候等装车的客户在后面一直嚷嚷，小驴也没听清楚嚷嚷的是什么。

原来那位客户说的是让小驴先给他装车，大家时间都很宝贵，对待客户应该一律平等，不能不分先后，否则就会找老板告发他。那个客户误会了，他以为小驴抛下他不管，跑去给别人装车了。等小驴再回来的时候，他的车已经离开了。

对于老板劈头盖脸的训斥，小驴没有申辩，她深知老板的个性，老板对人挺好，性子却很急，这时申辩无异于火上浇油。当老板平静下来后，小驴去了一下洗手间。他抹干了眼里委屈的泪水，调整了一下情绪，又以不变的笑容出现在客户和同事的面前。

事情过去了几天，小驴几乎把这件事忘了，但是在下午快下班时，老板一脸愧疚连连向小驴道歉说“对不起，我听了客户的一面之词，误会了你。”原来是和小驴一同值班的驴子告诉了老板事情的原委。小驴连连说：“没关系，自己已经将这件事忘得一干二净了，请老板也不要放到心上”。

小驴的修养让所有的同事都惊叹。有一个和小驴要好的同事问他：“你怎能受那么大的委屈不动声色？那么容易就原谅了老板呢？”小驴还是一脸温和地笑：“老板发脾气全是为了客户着想，也没有坏心，只是没弄清真相。我们‘有则改之，无则加勉’，你说对吗？”同事笑了笑没有说话。小驴接着说：“每个人都有个脾气，工作中免不了有些摩擦，发脾气是可以理解的，了解了一个人的禀性，你还跟他计较、争吵的话，那只会让事情变大。如果你没有错，等到事情真相大白的时候不就一切都清楚了吗”？同事对他的话折服了，笑着说：“明白了，此时无声胜有声，沉默也是一种美丽”。

这件事过去以后，同事们更加敬重小驴的为人了，老板也更器重小驴了，遇到事情总爱征求小驴的意见。

管理智慧：

作为管理人员，无论做什么事情，都要先调查分析，所谓“没有调查就没有发言权”，在没有调查清楚事情的真相之前，胡乱发脾气，往往会做错事情。因此，要想做一名合格的管理人员就要提高个人涵养，一定要沉得住气，不要轻易发火，更不能不给别人说话的机会，就先发火。即使员工做错了事情，也应该给他一个解释的机会，搞清楚事情的原因，再采取行动也为时不晚。

作为管理者知错就改是一种难能可贵的优秀品质，是每个管理人员都应该学习和具备的。

员工心得：

工作中免不了有些磕磕碰碰，有些误会，但是非曲直自有公认，大可不必心急火燎、拼死拼活争个你对我错。那样，争强好胜、急于表白的结果，看似赢了理却输了人，实在是得不偿失。有时候沉默是在职场中站稳脚跟的最好的武器，不与人争，自然就没有人针对你，这样无论做什么事情都会方便得多，所以沉默也是一种美德。

场外音：

每个人都有自己的优缺点，如果抓住别人的缺点不放，那么本来是一点小小的事情，也会闹出大乱子。因此，一个有涵养的人，绝对不是一个斤斤计较的人，一定是非常大度的人，因为他们善于包容别人。所以，在我们的生活中就少了很多争吵和尔虞我诈，人与人之间的交往也不再那么复杂。

有涵养的人遇事非常沉着、冷静，不会得理不饶人，他们处事的方法就是问心无愧、顺其自然，然而就是这种不与人争的人，往往受到人们的尊敬，碰到什么事情人们自然会让他三分。

第四章　别被执着挡住眼
——职场成功的智慧与技巧

危机时有发生，当面临危机的时候，要转危为安或是转危为“机”，关键是管理者采取什么样的策略。

有时态度决定一切，当面对厄境的时候，所采取的态度不同，就会有不同的结局。如果你选择了消极，那么你迟早会被困难的泥沙掩埋；如果你是选择了积极面对，那么你就可能会站在困难的泥沙上面，获得新机遇。

乖乖驴难做

有一头老驴一直在农场兢兢业业地工作，十几年过去了，同事们换了一批又一批，可它还是坚守在自己的岗位上，是一头踏实难找的乖乖驴。

这两年天气大旱，农场的生意一日不如一日，眼看坚持不下去了，农场主决定要裁减人员，但是，不知道怎样裁才好。因为，每个人工作都很努力，而且都已经签订了劳动合同。正在为难之际，驴总监给农场主出了一个主意，以效益不好为由，减少员工的待遇，这样自然就会有人嫌工资少而自动辞职了。

次日农场主就宣布了减少工资的决定。他说：“农场现在收入大大减少，大家的待遇自然也要跟着减少，如果谁不满意的话，农场答应他辞职”。

大家对减少工资的做法都很有意见，但是谁也不敢吭声，辞职的人更是寥寥无几，因为天旱，多数农场的生意都不好，这个时候招纳新员工的农场更是少之又少。如果现在辞职的话，就会面临失业的危险。大家议论纷纷而老驴还是默默地工作，对减少工资的事情只字未提。

减少工资的决定宣布了好多天，仍然没有几个人辞职，这可急坏了农场主。这可怎么办呢？农场里的工作越来越少，根本用不着这么多人，可如果硬要辞退员工的话，那可是违反劳动法规定的啊！农场主思前想后还是找不到好的办法，无奈只有再次找来驴总监商量对策。

驴总监这次又给农场主出了一个更管用的办法。他让农场主大规模调换驴子们的工作岗位，让他们到自己不擅长的岗位上，他们不能胜任工作，自然就会辞职，就是他们自己不主动辞职，农场主也可以以当初约定的不能胜任工作者即可辞退为由，主动辞退他们。

农场主又一次宣布了他的新决定。大家得知这一消息之后更是议论纷纷，有的人非常气愤，当场就向农场主提出疑问：“老板说农场效益不好，降低我们的工资也就罢了，现在不征求我们的意见就强行调换我们的工作岗位，到底是什么意思啊？”“对，到底要怎么样啊？老板一定要给我们一个交代。”大家七嘴八舌地说开了，农场主就当没听见似的走掉了。大家都在商量对策，勤恳的老驴还是一言未发。这时，有一头聪明的驴子说：“难道大家到现在还看不出来吗，老板就想找理由辞退我们，我看大家别在这里浪费时间了，还是早些离开农场为好，赶紧去找自己的新工作吧！”有几头驴子同意了聪明驴的说法，他们纷纷离开了农场去寻找新的工作了。老驴的好朋友也离开了，他临走的时候劝老驴也离开吧，没必要在这样的地方耗下去，凭老驴的工作经验，一定能找到更好的工作。但是，老驴还是觉得跳槽不好，他还是继续老老实实地留在农场了。

农场主减员的目的达到了，但是还有些美中不足之处，就是他不想让走的几头年轻驴子走了，一些他想让走的老驴却留了下来，这让农场主感到隐隐地不快。

再说这头老驴，他虽然每天乖乖地在新岗位上干活，但是，由于年龄大了，接受新知识的能力比较差了，工作虽然很卖力，但是对新工作还是感到吃力。他觉得老板看自己的眼光也不像从前了，好像对自己很不满意，随时要辞退自己似的。老驴觉得与其让老板辞退，还不如自己先辞职的好，于是老驴最终也辞职不干了。

没想到这一年由于雨水充足，农作物长得非常好，农场的生意重新红火起来了，这时候又需要大量人手了，但是农场里的驴子们刚刚离开没有半年，人家都找到新工作了，谁还肯再回来呢！又恰恰是各个农场招聘新人的时候，农场主一时无法招聘到那么多的驴子干活，眼看着农产品烂在自家农场里，却运不出去。这一年别的农场都赚了很多钱，唯独他的农场赔了好多钱。

管理智慧：

危机时有发生，当面临危机的时候，要转危为安或是转危为“机”，关键是管理者采取什么样的策略。

任何企业都会遇到危机。当面临危机时，采取什么样的策略是需要慎重决策的。如果采取了不恰当的策略，甚至是采取不诚信的做法，虽然会取得一时的效果，但可能会损害企业的长远的利益，破坏企业文化，使企业的凝聚力减弱甚至丧失。作为企业的人力资源管理者，在应对危机时，应协助领导层做出建设性的决策，维护好企业的核心竞争力。即使是裁员，也要和员工坦诚相待，积极沟通，按法定程序办理。如果设计不诚信的小“手段”，到头来“机关算尽”，只能是搬起石头砸自己的脚。

员工心得：

无论是在传统或者现代企业中，相对于雇主，员工似乎一直是处于比较被动的劣势地位。但是员工应该始终有两个清醒的认识，一是我是被雇主雇佣的，只有付出劳动并实现我的工作业绩，我才能持续从雇主那儿得到薪金；二是这种雇佣关系是双向选择的，我仍是一个自由的人。所谓“一颗红心，两种准备”，这样的道理放在职场也同样适用。

场外音：

任何一个欲有所为的企业都会制定长久的企业战略，企业战略通常分为公司层战略和事业层战略。人力资源管理作为企业的事业层战略环节，对企业的可持续发展起着难以估量的作用。只有制定、施行正确的人力资源策略，充分发挥人力资源管理的战略作用，才能提高企业绩效，实现企业战略目标。企业招人、用人环节众多，譬如工作分析、员工招聘、员工培训、绩效考评、员工内部管理、薪酬与福利、人力资源保护、人力资源管理诊断等每一个环节都是不可轻视的。无论企业面临怎样的转折点甚至是危机的关口，有时诚然需要“壮士断腕”的悲壮，但是请一定要珍视、尊重你的员工，因为他们才是珍贵的资源！

卸磨杀驴

小驴A刚从一所名牌大学毕业，它满怀希望，想要到一个适合自己专业的老板那里来一展自己的宏图大志，让自己学有所用，也好对得起自己这么多年读书的辛苦。

小驴A参加了N次招聘会，总也找不到合适的工作。不是专业不对口，就是人家招聘单位嫌他没有工作经验。小驴A坚持要找到一个专业对口的工作，他继续不停地光顾招聘会N+1次，N+2次……最后，由于缺乏生活来源，小驴A的生活越来越拮据，他屈服了现实，决定只要能找到个可以暂时糊口工作就好好干，专业不对口不要紧，大不了一切从零开始。

小驴A下定决心以后，重新去找工作。说来也真巧，他又参加了一个招聘会就找到了一份差事，是到磨坊去拉磨。这虽然与他学的工商企业管理专业一点也扯不上关系，而且是纯粹的体力活，但是小驴A觉得三百六十行，行行出状元，就是拉磨自己也一定能拉出个“磨坊状元”来吧。

小驴A充满了大干一场的热情，上班第一天他早早地就出发了，没想到进了磨坊，磨坊主已经等在那里了。磨坊主宣布了几条员工守则：在职期间不准参加任何进修班；前一月的工资作为工作保证金，暂时不发，在离开磨坊的时候才给，不准自己离职，否则扣发保证金……反正还有好多条，小驴A已经记不清了，他知道有些规定甚至是违反劳动法的，但是觉得自己反正不会去做那些事情，规定不规定的也就无所谓了，只要以后照常发工资就行，反正自己会努力工作的。

小驴A工作真的很卖力，他每天早起晚睡，不辞辛劳，又任劳任怨，果然功夫不负有心人，没多长时间他就掌握了拉磨的要领。他的工作效率不但是磨坊的第一，恐怕在整个拉磨驴界都能数得上了。但是磨坊主并没有给小驴A什么特殊待遇，甚至都没表扬过他几次，不过他不在乎，觉得老板能按时发放工资就可以了，自己干得出色了，就能多积累一些工作经验，并且成功的快乐是无可替代的，小驴A就这样陷入了自我满足之中。

磨坊主每天都要亲临磨坊，他总是站在一边严厉地监督驴子们拉磨，所以没有驴子敢怠慢工作。他继续买入了一大批粮食，让驴子们加班加点地干活，并丝毫不提增加报酬的事情，有的驴子忍受不了这样整天没日没夜地加班干活，就丢下保证金另找其他工作了。小驴A还是认认真真地干着，他觉得是金子迟早都会发光，他想自己的努力一定会换来老板的器重的。

日子就这样在忙碌中一天天过去了，老板的粮食堆也越来越小。大家工作都很卖力，但是除了约定的工资外，老板从没有提拔过任何人，更没有给谁加一个胡萝卜。小驴A想自己那么卖力工作，也许磨完这批面粉老板会给自己安排一个更好的岗位。小驴A心里这么想着，拉磨更上劲了。

这时候，一个商人闯进了磨坊，他大着嗓门喊："老伙计，你这边的工作什么时候结束啊？我的屠宰场急需驴子啊！"小驴A全明白了，原来老板是想等它们磨完这批粮食就把它们卖给屠宰场。小驴A当众揭穿了老板的阴谋，大家都很气愤，纷纷找老板评理，要求他发放工作保证金，大家撂摊子辞职。磨坊主耐不住驴子们的纠缠，只好把保证金和工资全发给了它们。驴子们拿着工资离开了，磨坊里只剩下垂头丧气的磨坊主和那堆还没有磨完的粮食。

管理智慧：

美国著名管理学家彼得·德鲁克曾一言道出"管理是以文化为转移的，并且受其社会的价值观、传统与习俗的支配。"所谓"无情江湖有情天"，在现代社会，即使你的员工是你的雇佣者，但也不能采用纯雇佣式“榨取”的冰冷理念。尽管中、日、美等国家文化差异巨大，但是其现代企业都强调以人为本的企业管理文化。作为企业管理人员，不仅要善待员工，更要注意发现员工工作中不同的特质，区别对待，让员工各展其才，各尽其能。

员工心得：

故事中的一幕在现实的职场中是不可能发生的，但是现实社会中却是因为一些不良雇主的存在，而让类似的故事在一幕幕地复制着。其实，许多选择是双向的，包括企业与员工之间，尽管许多时候二者处于相对不平衡的位置。人总是需要心存希望来支撑今天的努力和对明天的向往，倘若在工作中确实碰到如此“歇斯底里”剥削员工的雇主，看不到丝毫光明的职业前景，那么，勤劳的员工们，你们不及时炒掉老板的鱿鱼，更待何时呢！

场外音：

在现代社会中，人才早已成为一种重要的资源，在经济社会发展中具有举足轻重的地位。企业也随着技术革命的浪潮，劳动方式也发生了巨大突破，使人在生产中获得了更大的自由，员工不再是受制于机器的附属物，而成为生产中的真正主人。在这种情况下，企业必须转变传统的管理理念，进一步释放和激发员工的活力和热情。人是企业运营的主体，也是企业最宝贵的资源和财富，在人力资源管理中，管理者应该充分认识人的本质和心理活动，重视人性、人情和人的价值，充分体现人的本性，追求管理的艺术，形成特色优势，努力营造团结协作的氛围，创造良好的环境氛围、岗位、工作任务来激发员工潜在能力，为企业的生存和发展服务。

从枯井里走出来的驴

有一天，某农夫带着驴子外出运粮，农夫只顾着赶路，没有注意到路边的枯井，其中的一头赶车驴子不小心掉进枯井里了，农夫绞尽脑汁想尽了各种办法要救出驴子，但是几个小时过去了，农夫试了好多次，还是没有找到有效的办法，驴子还在井里痛苦地哀号着。

农夫很伤心，他也很舍不得这头驴子，因为它可以为他干活并带来很丰厚的利润。但是要想继续营救驴子就会误了行程，经过一段时间的思想斗争，最后，这位农夫决定放弃营救驴子，他想即使耽误了行程也不一定能救出驴子，还是忍痛割爱吧！善良的农夫又一想，这口枯井还是得填起来，否则以后自己来回路过还会有驴子再掉进去的，自己不能就这样一走了之。于是，农夫便请来乡亲们帮忙一起将枯井填上，防止再有什么东西掉到枯井里。这样也把驴子埋了，以免除它的痛苦。于是，乡亲们在农夫的号召下，你一锨，我一锄地朝枯井里填泥沙和一些废弃物。刚开始的时候，驴子不知道发生了什么事，当泥土和杂物落到它身上的时候，它吓得乱踢乱蹦，但是还是有东西不断地落到它身上，当这头驴子了解到自己的处境时，刚开始它哭得很凄惨，它感到了自己末日的来临。它站在井底任由泥沙落在自己的身上，覆盖了自己的四蹄。它在井底大声悲哭，希望它的老板或者什么人能救自己出去，但是泥沙已经漫过了膝盖，还是没有人来救自己，它撕心裂肺地号叫起来。

农夫和乡亲们都以为驴子是在做最后的挣扎，很快它就会毙命的，但是，出乎意料的是仅仅一小会儿之后，这头驴子就安静下来了。农夫好奇地探头往井底一看，眼前的事实却让他感到目瞪口呆：当众人铲进井里的泥土落在驴子的背部时，驴子的反应出奇的冷静和理智，它没有让泥土将自己掩埋，而是将泥土抖落在一旁，然后站到刚铲进的泥土堆上面！将这些泥土牢牢地踩在脚底下。就这样，驴子再也没有哀号，只是将大家铲在它身上的泥土全数抖落在井底，然后再踏上去。很快地，随着脚下泥土不断加高，这只驴子便得意地上升到井口，然后在众人惊讶的表情中跃出井口，快步地跑开了！

管理智慧：

企业要想让员工战胜困难，一味地帮助引导是不够的，关键是调动员工的积极性，让他产生危机感，只要让员工体会到了生存的危机，无论多大的困难，他都会自己想办法去战胜的。

另外，要充分相信员工的潜力，因为每个人的潜力都是无穷的，只要到了关键的时刻，潜力就会爆发出来。当员工在工作中遇到困难的时候，不要轻易断定他无法逾越困难从而选择放弃他，要及早让员工明白眼前正在生死攸关的关口，那样他就会拼死一搏的。

员工心得：

我们可能会在工作中遭遇到种种困难与挫折，工作业绩的下滑、上司的误解、同事间的怀疑甚至是不良竞争等，这些就是加在我们身上的“泥沙”。有时候，我们只是看到消极的一面，只想着自己为什么会这么倒霉，而没有想到如何去战胜它们。然而，如果我们换个角度，用正确而积极的心态去勇敢面对困难的时候，困难只不过是一块块的垫脚石，只要我们锲而不舍地将它们抖落掉，然后站上去，将困难踩在脚下，那么即使是掉落到最深的井里，我们也能安然地脱困。

场外音：

有时态度决定一切，当面对困境的时候，所采取的态度不同，就会有不同的结局。如果你选择了消极，那么你迟早会被困难的泥沙掩埋；如果你是选择了积极面对，那么你就可能会站在困难的泥沙上面，获得新机遇。

在职场中，许多潜力往往就潜藏在困境中。机遇绝不会垂青于弱者，只有敢于面对、逆流而上的强者才会重获新的机遇。一切都决定于我们自己，我们必须懂得超越眼前的一时得失，善于化弊为利，勇往直前地走出困境。

农夫和驴

有一头勤劳的驴子跟着一个农夫干活，它很少有休息的时间。农夫总是不断地派给驴子很多活，拉磨、驮运东西、犁地，驴子一年到头都没有闲着的时候。

繁忙的秋天过去了，农夫家里的活少了些。闲暇的时候农夫便把驴子赶到草地上吃草，说是给驴子放放风，让它好好休息放松一下，其实农夫是怕驴子在家闲着还要白吃家里的草料。

一天，农夫带着驴子去草地吃草。驴子来到草地上打了几个滚，又号叫了几声，感觉身上的劳累一扫而光了，就安详地吃起草来。此时的农夫也没有什么事可以干，就依靠在地坝子上眯起眼睛悠然地休息。他怕驴子逃跑了，所以不敢让驴子自己在这里吃草，每次出来农夫都是自始至终得陪着驴子。

农夫也有些累了，不一会儿就睡着了。忽然，他听到一阵很大、很急促的声音，绝对不是驴子吃草的动静，他睡眼惺忪地往远处一看，哦，是不远处，他村里的敌人带着几个人正匆匆忙忙地往这边赶来，手里还掂着枪呢！农夫一看情况不妙，大概敌人是来找他寻仇的，以前农场生意中，他可没少得罪人。农夫的睡意全无了，他慌忙站起来，跑到驴子跟前，抓住驴缰绳，拉着驴子往回跑。驴子正吃得得意，它不知道农夫为什么会忽然跑过来拉自己走，自然不愿离开草地，往常出来一次，农夫会让它吃个够的。每次它吃饱了，农夫还会说：“出来一次不容易，要耽误很多时间，你再吃一些吧！吃得饱饱的，明天可以少吃一点，多干些活”。这次到底是为了什么呢？自己还没吃饱就要被拉回，驴子一时大惑不解，无论农夫怎么使劲拉，它都在原地打转，就是不愿意离开。

敌人越来越近了，看着他们气势汹汹的样子，农夫从心里感到十分害怕。他拼命地拉驴子走，驴子还是不动，相互僵持不下。眼看敌人就要到眼前了，农夫说："你这家伙，让你走就赶快走啊！你看不见敌人就快到了吗？快点吧，不然我们就来不及了"。驴子反问道："我不想跑，要是被敌人捉到，他们会让我驮更重的东西，干更多的农活吗？"农夫说："不会吧，不行了，敌人马上到了，你走不走随你，我必须跑了。"

农夫一路快跑，慌忙溜回家去了，驴子则继续留在草地上悠闲地吃着草，它心里清楚它只是一头驴子而已，这些农场主们之间的恩怨与它何干呢！这时候农夫的敌人来到了，他们匆忙地从驴子身边走过去。其中的一个人说："我明明打中了它的后腿，它一定是钻到那边的草丛里了。""我们好好找找吧，那只兔子很肥的"，另外一个人说。唉，原来是误会一场。

追赶兔子的猎人顷刻便散去了。驴子吃饱了以后又在草地上美美地睡了一觉，终于摆脱了农夫的控制。驴子开始设计自己的未来了，它觉得自己最擅长的应该是拉磨，不如去应聘个拉磨的差事吧。

驴子这么想，也就这么做了。它很顺利地进入了一家磨坊，它工作很卖力，说起拉磨工作来也头头是道，干起来更是井井有条。据说，它后来还成了拉磨界的高手，还到处给拉磨驴做怎么提高工作效率的演讲呢！

管理智慧：

隐形冠军之父 Simon Hermann 指出："好的企业和差的企业真正的区别并非在于机械设备、流程工序或组织结构，而在于企业文化。"索尼公司的创始人盛田昭夫也曾经说过："优秀企业的成功，既不是什么理论，也不是什么计划，更不是政府的政策，而是'人'。'人'是一切经营最根本的出发点。"这位农夫自以为聪明的是他在自己付出最小成本的基础上尽可能最大限度的利用了小驴的劳动，岂不知这样严重伤害了小驴，让小驴自己从内心疏远了企业，所以当转折机会来临时，小驴毫不犹豫地另觅他处了！

员工心得：

这头驴子很聪明，他明白自己的身份，无论到哪里都是要付出劳动的。另外，人总是需要一些成就感和被尊重感，尽管作为员工的被尊重感要建立在自己为公司辛勤付出的基础上，但是这份被尊重感至关重要。所以当公司员工，碰到的是纯压榨式的苛刻雇主，又是在自己不能更改现状的情况下，适时走人也是个上上之选。

场外音：

企业是追求利润的机器，尽可能地压缩运营成本也是一个企业必求之道。但是企业也不能只顾“挣钱”，更要明确挣钱背后的“东西”。很多世界知名公司都有自己的企业理念，不仅强调盈利，更多考虑自身如何为客户、社会和历史带来价值和意义。这对企业精神、经营哲学、企业道德的定位起着决定性的作用。更是在企业内部，一定要有健康向上、富有活力的企业文化，对自己的员工，更不能万事谈钱，要讲文化、讲价值，企业与员工建立共同的愿景来实现企业与人的价值。

从小毛驴到驴总监

小毛驴刚进入驴公司不久，初来乍到，年龄又小，大家时常拿他当开心果逗着玩。别看小毛驴年龄小，他可经得起大家的调侃，无论大家怎么和他开玩笑他都乐呵呵的，丝毫不恼火，因此，大家都比较喜欢他。

小毛驴还是个热心肠的人，他和大伙相处得都不错。

有一次，小毛驴刚刚走进办公室，就见两位同事在吵架。“还不承认，昨天我走的时候，就剩下你自己没走了，那时候我的胡萝卜还好好地放着，今天我是第一个来的，胡萝卜却少了两个。你说，不是你拿的难道胡萝卜会飞了不成？”一个说。另一个说：“都说过了嘛，我没看见”。他说的不是那么自信，还有些局促不安。他俩越吵越激烈，不一会同事们都过来围观了，有的还小声议论起来，好像非要弄清那头驴子是不是偷了东西不可。

细心的小毛驴弄明白是怎么回事以后，他想那头拿别人东西的驴子肯定会记住这次教训的，不如自己先替他解解围吧。他马上从自己的抽屉里拿出来了三个胡萝卜，他说：“大哥，小弟真是对不住，昨天实在饿了，刚出门觉得饿的受不了就返回来吃了你的两根胡萝卜，那时候办公室已经锁门了，是我打开的。今天我给你带了三个胡萝卜，还给你，还望你不要生气，昨天我真是饿坏了，今天一大早我就把三个胡萝卜放进兜里，准备一定要还给你。”这头驴子说：“哦，原来是你吃了啊，看你也不是诚心要偷的，没关系，还是还我两个吧！”说着有些不好意思地低下了头。小毛驴又马上说：“今天的误会都是我造成的，大家要怪都怪我，不要伤了你们的和气。”“没关系，是误会嘛！”另一头驴子说，他的头低的更低了。

原来是这头驴子的口粮确实不够了，看到那头驴子总是有吃不完的胡萝卜，昨天下班回家见办公室里已经没有其他人了，就一时忍不住顺手拿了两个带回家了。他没想到后果会这样，还好有小毛驴替自己解围，否则后果更是不堪设想，他打心底里感激小毛驴，决定一定要找个机会报答他。

小毛驴就是这样，遇事总是爱替别人着想，因此，在公司里的人缘特别好。大家有什么事情总爱和他说，同事们之间有什么摩擦的话，他一出面也多能解决。

随着业务的一天天拓展，驴公司的成员越来越多，仅靠驴老板等几个人搞管理明显已经难以有效运转了。于是，老板决定在公司驴子中间选一个人来做自己的助理，帮自己监督管理其他驴子。

驴老板让众驴子推选一头驴来做他们的总监，大家一致推荐小毛驴。驴老板仔细打量了一下小毛驴，他小小年纪凭什么获得了大家的支持呢？驴老板觉得这头小毛驴年纪太小，恐怕工作经验方面不够，处理起人事关系来会很吃力。但是，众意难违，只好答应让小毛驴试一下，试用期为三个月。

驴老板想试一下小毛驴究竟有多大的本事，就故意找了几件事让他处理。没想到小毛驴还真能打破常规，出奇制胜地把问题给解决了。驴老板起初还是有些不肯相信自己的眼睛，他小小年纪办事能力竟然这么强，以后，又故意刁难小毛驴几次，小毛驴都顺利渡过了难关。驴老板不得不服输。三个月后，他让小毛驴正式坐上了驴总监的位置。

管理智慧：

美国管理学权威彼德·杜拉克曾说过“企业或事业唯一的真正资源是人，管理就是充分开发人力资源以做好工作”，人是生产力中最活跃的因素，任何社会财富都是由人创造的。在一个企业生产的诸多要素中，人起着决定性作用。作为管理者一定要有慧眼识才的眼光，除此之外还应具备“跳出画面看画”的境界，能识才、用才和容才，才会取得更大的成功。

员工心得：

有一本风靡一时的书：《不要一个人吃饭（Never Eat Alone）》，成功的道路上，人脉比知识更重要，发展人际关系应当是你优先级的事。尤其在中国，做事先做人，好多事情其实都是人与人之间的事，许多工作都有社交的影子潜伏其中。而社交的本质就是不断用各种形式帮助其他人成功，共享你的知识与资源、时间与精力、朋友与关系、同情与关爱，从而持续地为他人提供价值，同时也提高自己的价值。成功的关键是慷慨大方，努力让自己的付出多于回报，并让自己成为别人不可缺少的人。在职场中，永远不要轻视你的人脉，那怕只是吃一顿饭的细碎小事也不要独自一个人进餐，因为餐桌上往往是大家畅通交流，拉近关系的极佳场地，所以"不要一个人吃饭"。

场外音：

著名管理家杰克·韦尔奇访问麻省理工大学，在其斯隆商学院演讲时，有学生发言问："我们在商学院应该学些什么？"韦尔奇回答说："只要集中精力构建关系网就行了，你需要知道的其他所有东西都可以在工作中学到。"时任斯隆商学院院长查理·施马伦西惊得瞠目结舌，因为倘若是用大白话来说，韦尔奇的意思就是告诉大家读MBA是在浪费时间。而自那次访问后，麻省理工大学重新调整了课程设置，抛弃了很多的量化技巧，大量增设了人际交往课程，需知这可是在全球顶级的商学院！由此可见，良好的人际关系在人生当中是多么重要了，因此，我们每个人都要注意积累自己的人脉资源。

驴的别样成功

老弱驴是众多犁地驴中的一头，之所以叫他老弱驴，是因为他的体质比较弱，干活慢，犁起地来也总是落在别人的后面。

老弱驴体质弱，但是智商不弱，他很擅长运算，他算数之快可是在农场里出了名的。

驴子们犁地不仅要计算自己每日犁地的平方米数，月底还要向老板报账汇总。很多驴子计算的时候都会出错，这一错不仅自己的不对，也会影响到大家，因为老板只到月底测量所犁地的总面积，这样只要有一头驴子算错了，就会与总账对不起来。自己要是多算了，别人的就要少；自己要是少算了，别人的就会多。但是老板实行按劳分配，谁也不想自己的少算，因此每逢月底，农场经常会闹出一些乱子，弄得农场主和驴子们烦不胜烦。后来有一些不太擅长计算的驴子，干脆每天都请老弱驴来帮自己计算犁地的平方米数。老弱驴有一副热心肠，对大家的请求他都来者不拒地答应下来。老弱驴在帮他们计算的时候，他们也不闲着，就帮老弱驴犁一会儿地。后来，一些不会计算的驴子也干脆让老弱驴来帮自己计算了，因为老弱驴计算得既快又准。这样一月下来，老弱驴犁地面积比别人也差不了多少。

一天，犁地驴们的老板觉得每月自己都测量犁地面积，不如干脆找个驴子来专门算犁地面积省事。于是，他找到了招聘主管，让他马上招聘一名驴会计。

招聘主管接到老板的命令不敢怠慢，当天就发布了招聘驴会计的消息，并且说犁地驴们有适合的亲戚朋友什么的都可以推荐一下，公司统一安排面试。

老弱驴得到这一消息十分高兴，他想，我何必那么执着于犁地呢！我的强项是计算，并且自己也是一直兼职干着计算的活啊，我应该做会计才对。于是，老弱驴主动报名参加了公司的面试。

面试的时候，驴主管一见老弱驴就说："原来是你啊？我还以为是同名的呢！你来干什么？干嘛不在田里待着好好地犁地？"老弱驴说："对，就是我，我是来应聘会计的。""别开玩笑了，你一头犁地驴，知道什么是会计吗？会计的活可不像你犁地那么简单。"老弱驴说："我当然知道这些了，就是因为我觉得自己适合做会计才来应聘的。"驴主管说："快，别胡闹了，赶快犁地去吧，我要约见下一位了。"

老弱驴无奈退出了面试室，他非常苦恼，那么好的一次机会，他可不想白白地错过，但是招聘主管不相信自己的话，那可怎么办呢？老弱驴急坏了，最后他灵机一动：干脆，自己直接找老板去，告诉老板自己是最适合的人选，并且这段时间自己一直在帮大家统计计算，不信，可以任意考察。只要老板同意了，主管就不会有什么话可说了。

老弱驴鼓起勇气敲响了老板办公室的门，当他把来意表明以后，老板起初也不太相信他，不过老板毕竟是老板，他没有当即拒绝他，而是反问："你真的确信自己能做会计这一工作？"老弱驴坚定地回答："我确信。"老板说："那好吧，我给你一个机会。不过只有三天时间，三天过后，你如果感觉自己不能胜任会计之职的话，我们的招聘再继续。"

老弱驴有些吃惊，没想到老板这么轻易地答应了他，不过这三天之间一定要珍惜，要好好表现，否则就与会计永远无缘了。

第二天，老弱驴早早地到了办公室，开始了他的会计工作。他认认真真地把一天进出款项都列了表，只要一看表，公司的账目就一清二楚。他还把犁地驴们犁地面积都列到了一张表上，一看表就能具体找到哪头驴，哪天犁地面积，并且一月一总结。老弱驴把两张表交到老板手里的时候，老板什么也没说。虽然老弱驴自认为做的可以，但是还有些担心，他不知道老板是否满意。

老弱驴上任的第二天、第三天都是如此。第四天，老板发出通知，召开全体驴子会议，老弱驴知道宣布的时刻到来了。

会议上老板宣布由老弱驴担任公司的会计，以后有什么账目都要呈报给他。

管理智慧：

现代企业需要员工具有灵活性、创造性和积极性。作为管理者，应该充分认识不同员工的特质，给他们适当的空间以激发员工的内在动力和潜能，使员工素质得以全面发展，聪明才智得以充分发挥，创造活力得以不断增强，做到人尽其才，让“人”与“事”在企业的内部运转中高效结合起来。

人是企业中最大、最有价值的资本、资源和财富，是企业的主体。尤其是在以知识经济为主体的现代社会，人力资源管理更要以人为本，管理者要及时发现人才，知人善用才能给企业创造更多的财富。

员工心得：

每个人都有比别人强的一面，只要自己发现了自己的长处，并把它运用到实际工作当中，你就能取得意想不到的成功。

优秀者并没有什么标准，工作中在与别人较量的时候，要善于动脑，不要循规蹈矩，自己有一方面不行不代表自己什么都不行，只要头脑灵活，善于发挥自己的长处，你一样可以成为优秀者。

场外音：

好的企业为了做到适者优先、人尽其才，在人力资源管理中都有“流动”的意识和策略，无论是横向还是纵向，都能做到平衡调动和能上能下的轮替。因此作为员工要发挥自己的长处，作为领导者要善于运用员工的长处，上下合作，才能取得优异的成绩。

职场中的道理同样可以运用到生活当中，你只要有一技之长，并且能够把它发挥出来，你就能在生活中站稳脚跟，如果你一无是处的话，就会处处受到别人的白眼。

“善变”的驴

驴子小五是一家国有企业的员工，由于企业员工过于庞大，企业决定分流一批员工，小五和一些驴子都从原岗位上下岗了。

但是原国有企业对分流职工的工作、生活等照顾得无微不至，又给他们安置了后勤岗位，小五和几个驴友的日子过得比从前还要舒服。他们工作极其清闲，整天没事就聚在一起打打牌，玩玩麻将，下下棋，再没事甚至还可以出厂外运动运动，反正大家在后勤部门没有太多事情要干，闲着的时候就找些乐子呗。

正当小五和他的驴友们日子过得其乐融融的时候，他忽然感觉找不到自己的驴生价值了，他感觉异常的空虚，甚至有些不安。当他再和驴友们聚会的时候，他提出来一个问题：“你们觉得过的快乐吗？”“有什么不快乐？这比以前上班的时候快乐多了！”“之前上班的时候，我们敢这么名正言顺地打牌吗？每次还不是都提心吊胆的！”大家你一言，我一语地说开了。小五又问：“难道你们不觉得这种日子是在浪费时间吗？不空虚吗？”“空虚什么！我们整天都在参加活动——不过是——打牌活动，哈哈哈！”，有人大笑。“空虚只是偶尔的时候，只要大家轻松完工，其余时间干什么都无所谓”，还有的人说。

大伙又忙着打起牌来了，由于驴子一桌多，两桌少，所以，每次有打的，有看的，大家轮番上场，忙得不亦乐乎。小五对这群“幸福”的驴子摇了摇头，他决定自己要离开了。

他来到湖边的林荫小道上，开始思索自己以后的驴生：这种日子不能再持续下去了，自己还算年轻，还能真刀实枪地再干几年，应该找点实实在在的事情做做，不敢说做出什么丰功伟绩来，至少应该让工作赶走自己的空虚。小五决定不再坚持这种无所事事的日子，他要去找个工作，来创造一点自己的驴生价值。

小五应聘到了一家私营公司，驴哥们都说他是没事找事，过不得几天幸福的日子，现在的工作既简单又轻松，大家还能在一起玩玩多快活啊，干嘛还要这样折腾，给自己找那个罪受？小五没有听大家的劝告，他还是到那家私营公司上班了。

初到公司驴地生疏，再加上他松懈已久，对公司的生活还真有些不适应。小五努力改变着自己，让自己尽量去适应新的生活，但是，他感觉到私营公司的制度要比国有企业严得多，自己平日随便惯了，要想完全遵守私营公司的那些条条框框，他还真得下一番功夫。一周工作下来，小五感到自己非常累，但是，心里面那种空虚却没有了，于是他更加努力地工作，勤奋上进，不久他就跟上了公司的节奏，和以前的驴友们基本上断绝了来往。

但是，小五又发现，在这个私营公司里只是工作勤奋还不行，因为大家都很勤奋，想要出人头地，还要有一技之长。因为这是一个外贸公司，所有精通外语的同事个个都成了高级白领。小五又暗中打下主意，自己再做一次大的挑战，去上外语补习班，学好外语，接手公司的对外业务工作。

听说小五要去学外语，首先反对的就是他老婆。她说："行了，都四十多岁的人了，还折腾个什么啊？这班能上咱就上，不能上咱就歇着，反正咱也不缺你那点工资，干嘛把自己搞得那么累啊！"

谁说什么也没用，小五还是要去上英语补习班，他决定要 180 度地改变自己。但是，由于小五年龄偏大，中学的那点英语底子又太单薄，想要学一口流利的英语真是一件难事。但是，他没有放弃，每天下班晚饭后他就赶去补习班，就这样天天忙得不亦乐乎。日子如白驹过隙，不知不觉一年过去了，小五学了一口流利的英语。当他提出要做对外业务的时候，大家真是不敢相信，但是他那一口流利的英语，不得不让人信服。

如今，小五已经是那家公司涉外业务的中层领导了。而他那些一起下岗的驴兄驴弟们，还忙着在牌桌、棋局上战死沙场。

管理智慧：

有上进心的员工才是有发展前途的员工，一个企业在选择人才的时候，不仅要看他的当前经历，还要看他是否具有上进心，只有那些善于学习，要求进步的员工才能带动企业的发展，因此领导者在对待人才上一定要慎重。

企业要给员工提供发展的机会，多做一些和工作有关的培训，提高员工的技能和素养。也可以把有上进心的员工作为其他员工学习的榜样，不断为员工树立榜样，调动所有员工的积极性，那样企业就会出现一个热火朝天的工作局面。

员工心得：

职场中人要有长远打算，要有忧患意识，不要总想着眼前的安逸，满足于现状；在工作中要认真负责，更要应时、应势而变，不断进取和自我否定，抓住每一个机会来拓展和提高自己。一个人如果满足于现状不求上进的话，他就会在原来的技能和知识水平上停滞不前，思想水平也不会有新的提高。

人在职场如逆水行舟，不进则退，在身边的人都不断发展的时候，如果你还是不求上进的话，那么你将会被这个时代所淘汰，成为碌碌无为的时代弃儿。

场外音：

吃得苦中苦，方为人上人，不肯吃苦的人，不会有什么大成就。一个人如果想要发展的话，就要有不满足的精神，因为不满足才会让人产生前进的动力。安于现状，贪图享乐，会使人变得越来越堕落，最后失去斗志，只会平平庸庸地度过一生。

雁过留声，人过留名，人生在世就要做出点成绩，不能碌碌无为白活一世，只有过得充实一些，多奉献一些，在自己年老以后才有美好的回忆，否则当年老的时候再反观自己的一生一点成功的感觉都没有。

第五章　黔驴技穷只因多开口
——低调做人与高调做事的辩证法

一个优秀的管理人员，不但要重视员工工作效率，而且要注意企业文化的建设，在企业内部形成一种信仰，让员工的思想一致，大家拧成一股绳，力量才会往一块使，否则一盘散沙，力量最终也会散尽。

工作中不可居功自傲，要明白高处不胜寒的含义，时常有人稍有名气就到处洋洋得意地自夸，喜欢被别人奉承，这些人迟早会吃亏的。

快嘴驴拉磨

一个人有两头驴子，他俩都给主人干活：一头拉磨，一头驮着主人周游四方。当主人坐骑的驴子很是看不起拉磨驴，并经常羞辱他。

吃晚饭的时候，两头驴子又聚在了一起，坐骑驴第一百次辱骂拉磨驴说："没出息的家伙，一天到晚，围着一个石磨转去转来。眼睛还被蒙着，瞎走瞎忙，也不知道去看看外面的世界，这样活着有什么意思？不如早点被送去屠宰场，死了算了。"

拉磨驴再也忍受不了坐骑驴的侮辱，他辩解了几句："没有我这样辛辛苦苦地拉磨，主人能吃上白面馍馍吗？”坐骑驴说：“愚蠢的家伙，没有一点见识，外边卖面粉的多的是，你以为没有你主人就吃不上饭了？还是别蠢了，赶快见识一下外面的世界去吧！整天原地打转，有什么出息？”拉磨驴伤心得大哭着跑走了，他没想到自己辛辛苦苦地工作，原来是可有可无的。

第二天，主人发现拉磨驴不见了，便问坐骑驴是怎么回事，坐骑驴说：“我让那个没出息的家伙去见识外边的世界”。主人大怒：“你个多嘴的家伙，怎么嘴巴那么快？他走了谁来拉磨？”主人说着把坐骑驴拉进了磨坊，把他的眼睛用一块黑布给蒙了起来。

坐骑驴说：“主人，你这是干什么？我可是您的坐骑啊！”“干什么？谁让你快嘴了！我要吃面啊！不磨面，我总不能囫囵吃麦粒吧！”说着在他的屁股上重重地拍了一巴掌。

坐骑驴无可奈何地围着磨转起圈来，他变成了一头拉磨驴。

才拉了一天磨，坐骑驴就感到头昏脑胀，浑身酸疼得受不住。他在地上打了一个滚儿，长长地出了一口气说：“唉！没想到拉磨驴干这活儿也不容易呀！今后再评论别人一定要先换到他的位置上试试再说。”

第二天，主人还是蒙上坐骑驴的眼睛让他来拉磨，他本以为拉一天就够了呢！没想到还要接着拉，他变得无精打采，并且昨天背上磨破的地方生疼起来，他一步也不想往前走。主人看他拉得不带劲，用鞭子不断地抽打他，还骂骂咧咧地说：“你个快嘴的家伙，干起活来却一点不如原来那头拉磨驴，叫你快嘴，叫你快嘴！”主人越骂越生气地抽打他。他痛苦地流下悔恨的眼泪，决心一定要找到那头拉磨驴向他道歉，并请他回来继续拉磨，好让自己脱离苦海。

当坐骑驴找到拉磨驴向他道歉，并请他回来的时候，拉磨驴已经找到了新的工作。快嘴驴只好回去继续拉磨，从此就再也不做坐骑了，快嘴驴成了主人送给他的新名字。他天天在磨坊里忙碌，每天累得倒头就睡，根本顾不上外面的世界是什么样子。他想想自己当初对那头拉磨驴的讽刺，更是觉得不应该。

快嘴驴累了的时候，他经常说的一句话就是："都是嘴巴惹的祸！千万不要看不起别人，每样工作都有他的重要性"。

管理智慧：

俗话说：有人的地方就会有矛盾存在"，员工之间产生摩擦也是经常见到的事情，作为管理者要善于观察发现，及时处理好内部矛盾，不要等到矛盾爆发后才知道，那样的话后果会比较严重，并且往往是无法挽回了。矛盾一旦爆发就要及时想法挽救，处罚解决不了根本性的问题。

因此，一个优秀的管理人员，不但要重视员工工作效率，而且要注意企业文化的建设，在企业内部形成一种信仰，让员工的思想一致，大家拧成一股绳，力量才会往一块使，否则一盘散沙，力量最终也会散尽。被人重视的感觉是人们在工作中最重要的动力因素之一。虽然一个企业的分工有轻重之分，但是从整体来说，每一个岗位都是必需的，要明白，没有大家的共同配合，再完美的计划都得成空，因此互相尊重、彼此信任是建设高效团队的基础。

员工心得：

要想在办公室中保持心情舒畅地工作，并与领导关系融洽，那就多注意你的言行。对于姿态上低调、工作上踏实的人，上司们更愿意起用他们。如果你幸运的话，还很可能被上司意外地委以重任。

莫逞一时口头之快，凡事三思而行，说话也不例外，在开口说话之前也要思考，确定不会伤害他人再说出口，才能起到一言九鼎的作用，你也才能受到别人的尊重和认可。

工作的时候，多干实事，少说虚话，嘴巴往往是祸害的根源，管好自己的嘴巴，会避免很多祸端。

场外音：

性格豪放者心胸必然豁达，壮志无边者思想必然激越，思想激越者必然容易触怒世俗和所谓的权威。所以，社会要求成大事者能够坚忍不拔，高调做事，低调做人。做好自己分内的工作就行了，不要随便去议论别人，更不能随便轻视他人，每个人都有自己的长处和优点，看人不能只看自己的长处和别人的短处。要充分肯定别人的成绩，蔑视别人最后吃亏的还是自己。

工作是这样，生活中的其他事情也是这样，不要认为只有自己才是最重要的，而轻视别人的力量。所谓一个好汉三个帮，等到失去别人帮助的时候，才感觉到势单力薄，真的为时已晚。

骄傲驴变低调

这是一头年老的驴子，年轻的时候，他就像跑场上的赛手，处处争强领先，唯恐落在后面。当时真是出够了风头，占尽了眼白，揪紧了多少人的心。他不知道，他只顾自己像风一样地跑。都说木秀于林风必摧之，枪打出头鸟，这些老人们说烂了的话，他还是不顾，昂着头疯跑。

他不明白他的圈子为什么越来越小，气氛越来越紧张，好像处处是暗礁，一不小心就会咯噔一下。他一边苛刻地律己、反思，修正自己，一边如坚强的海燕，即使被海浪搏回一百次，他也会再冲锋一千次。

高调地处事，高调地做人。渐渐地他虽消尽了一个初出江湖毛驴张扬的锋芒，但环境依然恶劣，气氛更像硝烟弥漫了，他总觉得随时都有暗箭穿射。他那坚强的毅力好像钻进了风箱，让人感到难耐的窒息，生命犹如一根绷紧的发条，随时都有挣断的危险。

他学会了沉默，外表看上去依然傲骨临风，内心却盈满泪花。当然，他绝不会让那些泪花浮出水面，因为他不屑所有的柔软，并不齿博得外人的同情。 孤独总在人沉默的时候附身，忧伤总在人脆弱的时候侵入。独处的时候，常常看花花带泪，听风风呜咽，他再怎么坚强，也不能否认一个事实：他已经在受伤中低沉并忧郁了。他把自己束在高高的衣领里，只露出一双眼冷冷观世，像耸入云端的山峰俯瞰着众山小，只是心中隐约的凄凉总是那么意味深长，绵延不绝。感谢那次庆功会，如果不是那次庆功宴，他想他会冰冻成一座雕塑。

庆功宴在一个很豪华的酒店里举行，他和另一位为公司立下汗马功劳的同事站在领奖台上等待着老板的到来，台下的同事们有说有笑、非常热闹。

这时，忽然有人小声嘀咕：董事长来了！

回首处，他发现全场忽然安静，不知是谁把刺眼耀目的闪光灯打向客席中间的通道，只见董事长刚好跨过门槛，他抬手摆了摆，一脸的歉意：不好意思啊，有事来晚了，让大家久等了。

自从公司规模越来越大以后，董事长平时忙得到处飞，难得跟大家见一次面。这次能够亲自参加宴会，真是不易。不知是谁带头鼓起掌来。于是，全场不约而同地起立，热烈鼓掌如雷鸣声响。

他们都在热切地等待董事长迈过神圣的通道，像一个红得发紫的明星闪亮登场，接着会有鲜花奉上，还有媒介人士的采访。

但是，他却惊异地发现，董事长竟然绕过闪亮灯照耀的通道，发窘地从门后墙角里那个不引人注目的小通道走向台上。

董事长给他们颁了奖，并感谢同事为公司这么多年的默默付出，然后恭恭敬敬地向他们行了个礼，宣布宴会开始。

周遭一片喧闹，大家都在尽情吃喝欢笑。他的脑子里一片热浪翻滚。他望着墙角的小通道，想起董事长躬下身子给他们行礼的样子，心里久塑的冰像忽然融裂，好似沉睡了千年，蓦然苏醒。这些年来，原来他一直在梦中飘着！

旁边有一头驴子给他倒酒，并举杯说，干杯吧！

从今天开始，他知道该怎么做了。

他笑着看看这头驴子，会心地举起杯子，一饮而尽。这是他第一次干白酒，跟他干杯的，是他“赛场”上的对手，他们一直较劲了两年。

从那天开始，他们都懂得了一句话：先做人，再做事；高调处事，低调做人！

管理智慧：

对于一些骄傲不合群的员工就要适时地引导，否则他会故步自封，封住的不仅是他个人的发展，而且还会造成企业的损失。

一个企业要形成高调处事，低调做人的风气，就要从领导开始实践，俗话说“上行下效”，领导的带动作用是巨大的。

员工心得：

做人不要恃才傲物。当你取得成绩时，你要感谢他人，与人分享，为人谦卑。如果你习惯了恃才傲物，看不起别人，那么总有一天你会独吞苦果！请记住：恃才傲物是做人一大忌。过分地张扬自己，就会经受更多的风吹雨打，暴露在外的椽子自然要先腐烂。一个人在社会上，如果不合时宜地过分张扬、卖弄，那么不管多么优秀，都难免会遭到明枪暗箭的打击和攻击。

为对手叫好是一种智慧。美德、智慧、修养，是我们处世的资本。在工作当中为对手叫好，是一种谋略，能做到放低姿态为对手叫好的人，在做人做事上也必定会成功。

场外音：

功成名就更要保持平常心。高调做事是一种责任，一种气魄，一种精益求精的风格，一种执着追求的精神。所做的哪怕是细小的事、单调的事，也要代表自己的最高水平，体现自己的最好风格，并在做事中提高素质与能力。

学会在低调中修炼自己。低调做人无论在官场、商场还是政治军事斗争中都是一种进可攻、退可守，看似平淡，实则高深的处世谋略。

懂得谦卑处世。谦卑是一种智慧，是为人处世的黄金法则，懂得谦卑的人，必将得到人们的尊重，受到世人的敬仰。

宽 容

春耕季节到了，农夫让驴子们两头一组去犁地，除了老癞驴落单了，大伙都找到了自己的搭档。

农夫一共雇佣了七头驴子，老癞驴不仅年老体衰，平日里干活也不怎么卖力，所以大家没有愿意和他一组的。除了七头驴子外，农夫还雇佣了一头骡子。春耕时节，骡子也不能去干其他的活了，因为，农夫明白，一年之计在于春，他要让雇佣来的家伙们赶紧把地犁出来，赶紧播种，唯恐错过了播种的好时节。

再说这老癞驴，大家都不愿意和他一伙，他只能和骡子做搭档了。但是，平日里最瞧不起骡子的人就是他。他整天管骡子叫不男不女的家伙，老是拿骡子的出身来取笑他。这时候让他和骡子做搭档，他才不愿意呢！他觉得这样做太有失他驴子的身份。

老癞驴思前想后，决定要找农夫谈谈。

老癞驴对农夫说："老板，我不愿意和骡子做搭档，请让我自己一组犁地吧。"农夫说："我是怕你们一个人犁不动，所以才让你们找搭档的，既然你愿意自己犁地，那你就自己一组吧！"老癞驴想，终于不用和骡子为伍了，真是太高兴了，他欢天喜地地走了。

农夫也非常高兴，他没想到本来由两头驴子干的活，老癞驴自己就可以干了，这样的话，他就可以安排一些零活给骡子了。让骡子干什么呢？就让骡子给驴子们打下手吧，给他们帮忙运运东西，送送水，送送饭，这样就节省了驴子们回去喝水、吃饭的时间了，犁地就会比以前快多了，农夫想着这些，心里美滋滋的。这真是一件值得高兴的事情，以前总认为老驴不如年轻的驴子们能干，没想到关键的时候，还是老驴能出力。

开始犁地了，老癞驴自己拉着一个沉重的犁子，他感觉自己的腿就像遭到了电击一样，颤抖着不听使唤，但是为了不和骡子为伍，不让骡子玷污了自己高贵的血统，他还是咬紧牙关，坚持向前拉着犁子。他觉得宁可挨累受苦，也不能放弃了自己做驴子的原则，如果和骡子做搭档，自己不也成了不男不女的家伙吗？老癞驴甚至为自己的这种坚持精神骄傲，他觉得自己没有愧对自己驴子的身份，他被自己的精神鼓舞了，努力地拉着犁子。他觉得自己是在为所有的驴子争光，宁可受苦受累也不能宽容那个家伙。这样想着，似乎身上的犁子也没有那么重了。老癞驴一整天都在不断地鼓励自己，到了傍晚的时候，他犁的地竟然和两头驴子一组犁的地差不多。农夫来验活的时候，把老癞驴大大地夸奖了一番，他觉得每头驴子都应该有这种主动吃苦的精神。

农夫回到家以后，就着手准备犁子，他要让每头驴子都配备一个犁子。因为，他觉得老癞驴都能单独拉一个犁子，其他的驴更能胜任了，不能让他们两头一组拉得那么轻松，又不多犁地。

第二天，农夫把准备好的犁子送到了地里面。他说："今后每头驴拉一个犁，骡子还是负责干零活。"大家都有些不乐意，但是老癞驴都能自己拉一个犁子，谁要是说自己拉不了的话，难道还不如老癞驴吗？于是，大家都独自拉着沉重的犁子干起活来。

老癞驴坚持了一天，回去就倒下睡了，连饭也没有力气吃，他一睡就睡到了天大亮。起来又接着干活，他实在有些受不了了，但是老板刚夸完自己，还让所有的驴子都跟他一样，他怎么好意思说自己干不了了呢？老癞驴一步步向前挪动着，忽然头一晕，眼一花，栽倒在地上。农夫赶紧请来了驴医生，驴医生说老癞驴是积劳成疾，用力过度已经昏死过去了。

众驴子听说以后都很害怕，因为他们觉得自己拉一个犁子实在是有些吃力，这样下去早晚也会像老癞驴一样累倒被送往屠宰场。因此，他们对老板提议还是两头驴子一组，否则后果就会像老癞驴一样。农夫没有办法，只好答应驴子两头一组犁地，但是他刚刚花重金准备了那么多犁地用具，现在又派不上用场了，农夫很是恼火，他把气都撒到了老癞驴身上，他不再给它治病，而是把他直接送到了屠宰场。

管理智慧：

对于员工的反常行为一定要先调查清楚原因，再做出相应的处理，不要只是为了贪图一点小利益而不辨是非地去纵容员工，结果不但得不到所期望的东西，反而会带来损失。

容人之过，方显大家本色，作为一个管理人员，更要给员工改过的机会。大度睿智地低调做人，有时比横眉冷对地高高在上更有助于问题的解决。对员工的过错以大度相待，实际上也是一种低调做人的态度。这种态度会让员工对你充满感激，誓死为你效忠。

员工心得：

不要太在乎面子，更不要太看重身份，为了面子而逞强，最后得不偿失的还是自己。工作中要团结一切可以团结的力量，利用一切可以利用的条件，不要抱有门第成见，只有这样才能把工作做到极致。不管一个人的出身如何，只要他对你的工作有利，就是你要团结的对象。俗话说“多交一个朋友，多一条路”，工作中要善于为自己开路，而不是为了虚荣不惜把自己的路堵死。

场外音：

生活中要懂得知足常乐，不要勉强去做一些不能实现的事情。如果能降低一些标准，退一步，想一想，就能知足常乐。对人对事都不要抱着很高的标准，尤其是对一些不能改变的东西，更要改变一下自己的标准。

不要把自己太当回事，那样会觉得自己高高在上，看不起任何人，不愿与任何人为伍，自己为自己设立了限制，会不利于自己的事业和人生向前发展。

神迹

一个不大的寺庙，每天都挤满了很多待业的驴子。

据说这个寺庙里有一个非常灵验的水泉，只要虔诚地许下一个愿望，然后再喝上一碗泉水，神迹就会出现，愿望总能达成。

由于受经济危机的影响，越来越多的驴子都很难找到工作，所以很多驴子都到这座远近闻名的寺庙里来膜拜，希望自己能有一份满意的工作。有的驴子是跋山涉水，不远千里来到这里许愿，真可谓是虔诚之至。

一个阴云密布的午后，驴子们都匆匆忙忙地往寺庙赶，一是为了许愿，再是赶紧躲到寺院去避雨。在驴群中有一头少了一条腿的驴子，他一跛一跛地走在马路上，引来一旁驴子们同情的目光。其中一头驴子说："这家伙是挺可怜的，但是也太自不量力了，一个残疾者还想找工作？"一头年长点的驴子说："我看还是不要这么说的好！""难道他是来乞求上帝重新给他安一条腿吗？"那头驴子更来劲了。这句话被少了一条腿的驴子听见了，他不紧不慢地说："我不是向上帝祈求一条新的腿，而是要祈求他帮助我，叫我没有一条腿后，也知道如何靠自己的双手去找工作。""真是不可救药的家伙，大伙这么虔诚地乞求得到工作，都不一定能有工作，他竟然希望靠自己去找到工作！"这头驴子继续取笑缺了一条腿的驴子。

一个晴朗的星期天，残疾驴到公园里去散心，他还顺便带了一些应聘者的资料来看。他虽然少了一条腿，但是工作很卖力。他工作两年多了，现在已经是一个公司的"驴事总监"了。他每选一个员工都要对其品质、能力等方面进行细致地考察。天气很好，公园里的人很多，他选了一个向阳的长椅，坐在上面享受着春天阳光的每一丝气息，觉得身心愉快。在长椅上小憩一会儿之后，他拿来随身带的资料随意翻看。

他偶然听见了旁边两头驴子的谈话："你不是去许过愿了吗？难道你不够虔诚？""我已经去了九次了，每年都去两三次，我不知道哪里错了，但是还会坚持的！"残疾驴不知道他们说的是什么事情，但是觉得那头驴子坚持的精神非常可嘉，就转头去看，觉得这个面孔非常熟悉，但是又说不上来在什么地方见过。他不自觉地盯着那头驴子看，那头驴子显然感到了有目光直射他。他也回过头去看残疾驴，两头驴子的目光相遇的那一刹那之间，残疾驴终于想起来了，这就是当初那头取笑自己要向上帝乞求一条腿的驴子。显然那头驴子也认出了残疾驴，他带着轻视的口吻先说道："真巧，又见面了，你找到工作了吗？"残疾驴说："我已经找到工作了。"那头驴子听了有些不太相信。他睁大惊恐的眼睛望着残疾驴。残疾驴接着说："把希望寄托在神上面，不如寄托在自己的身上。我所在的公司，现在正好招聘，你不如到那里去看看。"残疾驴把公司的地址给了那头驴子，他半信半疑地接受了。

那头驴子抱着试试看的心态，找到了残疾驴所说的公司。当他被带去见招聘主管的时候，他惊呆了，原来主管正是那头残疾驴。他对自己过去的所作所为感到羞愧，不好意思抬起头来。残疾驴开口说："我看你做事还挺执着，就留下你吧！不过我送你一句话，任何时候都要相信自己的能力，并且不要轻易忽视任何人的能力。"

管理智慧：

选择员工的时候，不要求完美，只要具有一点长处就可以利用。因为一个人不可能去做很多事情，只要他能胜任自己的工作就行了，因此，知人善用是管理者一个永恒的话题。了解员工的长处，并且给他一个可以展示自己的舞台，那么你就是他的"伯乐"，员工对伯乐的知遇之恩会铭记在心的。如果你是你手下很多人的伯乐，那么无论你遇到什么样的困难，都会有人为你挺身而出的，这样，还有什么企业会经营不好呢？

员工心得：

自信非常重要，工作中的自信更不能丢，只有自己充分肯定自我价值，才会有信心去实现自己的价值，才能在工作中创造一个个辉煌。

找工作是一个双向选择的过程，不要寄希望于外部的力量。找工作要看公司和个人是不是适合，所谓“女怕嫁错郎，人怕入错行”，找工作一定要靠个人的实力，把希望寄托于外界既不会成功，即使找到也不会适合自己。

场外音：

平和待人留余地：“道有道法，行有行规”，做人也不例外，要用平和的心态去待人待事，不要轻视任何人。即使身有缺陷的人，也有他的长处，不要把人家看得一无是处。那些爱轻视别人的人虽然身体没有什么缺陷，但是心有缺陷。这种缺陷更可怕，因此不要以为自己比别人强，低调做人才是跨进成功之门的钥匙。

人要切记，要想做事，必须先做人。做好了人，才能做事。做人要低调谦虚，做事要高调有信心，那样才会把事情做好，并且事情做好了，做人水平又会上一个新台阶。

低俯之驴

青驴是一头非常老实的中年驴子。中年驴该有的世故圆滑，在他身上一点也找不到。他走到哪里都是那么的默默无闻。

青驴原是做一点小本生意的，现在生意不好做，他打算去家公司找一份工作。青驴曾是一所名校的高才生，凭他的能力和学历，找一份像样的工作应该不是什么问题。

一家公司要招聘几个业务员，待遇不错，青驴也报了名。青驴为驴非常低调，他连一份像样的简历都没有，只有一张白纸，简单地介绍了一下自己的身世。

虽然那个公司的招聘主管给青驴了一个面试的机会，但是青驴在第一关就被刷下来了。因为，面试的时候，招聘主管问他一句他说一句，不问他就一声不吭坐在那里，招聘人员说这是做业务员最忌讳的，青驴不适合做业务员。

没过多久，那个公司新招的业务员有两个不堪压力，一声不吭就走了，公司正值用人之际，不得不进行补招，而上次主管招聘的驴子出差不在公司，公司只好派他的一个助手进行补招。那个助手一时之间不知道怎么办好，就打算从上次被刷下去的驴子当中选两个。

于是，青驴再次被邀到了该公司面试。青驴送上的仍然是一份再简单不过的简历，不善言辞的他还是坐在那里等着招聘主管进行询问。那个招聘助理见青驴比较老实，简单地问了几句就把他留下了，说是给他一个月的时间，让他锻炼一下自己的口才。

青驴第二天就走马上任了，他的工作是推销该公司新代理的一款管理软件。市场上同类软件多如牛毛，究竟这个软件有没有市场就连公司的领导心里都没底。公司能提供的只有一本厚厚的电信黄页，但上面的电话不是人事部就是门房，根本就没有再具体一点的联系方式了。那些部门往往一听是推销就“啪”的一声挂了电话，让业务员们听得心惊肉跳，再也没有重播的勇气了。就这样一个星期下来，又有两个业务员放弃了这份工作。

就在主管一筹莫展的时候，青驴提出了一个建议，按黄页上提供的地址去找管事人员谈谈，也许会有收获。主管采用了他的意见，派业务员按照黄页上的地址，挨家去拜访。业务员出去以后，有的去了人才市场，有的干脆回家睡觉，只有青驴老老实实地按照黄页上的地址一家一户地去找去问。收工的时候，别的业务员带回来的都是抱怨，唯有青驴不吭声地任劳任怨。

就这样几周过去了，又有好几个业务员走了。当主管考虑是否上报公司领导停止推销该产品的时候，青驴带回来第一份订单，这个客户是开发区的一家制造公司，新投产的一条生产线正需要这种管理软件。不仅如此，青驴还顺藤摸瓜，牵出一大片，真是令主管刮目相看，就连公司的领导也有些感到吃惊。

后来，由于青驴业绩非凡，被其他公司挖走了。有一天招聘主管清理一些旧资料的时候，偶尔翻到了青驴当初应聘时用的简历，在那个简历的右下角发现了这样一句话：饱满的稻穗，往往是下垂的；低俯之草，往往更经风霜；职场中我愿做一头低俯之驴。

管理智慧：

要经过长时间的观察才能够判定一个人的能力，不要轻易地去否定任何人，那些一鸣惊人的人，往往是当初老板没有看中的人。人才只有在实践中才能被发现，经得住实践检验的人，才是真正的人才，因此在机会面前人人平等，不要以一些表面的现象取人。

员工心得：

世上没有做不成的事，只有做不成事的人。一个真正想成就一番事业的人，志存高远，不以一时一事的顺利和阻碍为念，也不会为一时的成败所困扰，面对挫折，必然会发愤图强，去实现自己的理想，成就功业，这是一种积极的人生态度。

对待工作就要低下自己高傲的头，一切从最底层开始，只要不断地努力，没有做不好的工作。勇于创新、敢冒风险、大胆进取、不怕艰难，既然下决心那么做，就要锲而不舍地做到底，想达到目标，没有一颗恒心是绝对不行的。

场外音：

人的一生就是拼搏的一生，拼搏是现代人的一种生活态度。现代社会是一个充满竞争的社会，人们所需要的一切都要通过奋斗才能得到。但现代社会同时又是一个充满机会的社会，有了机会，你就得去拼一拼、搏一搏，否则将永无出头之日。

高调做事，就要善于借物，机遇是不会自动找上家门的，它只会青睐那些高调做事的人。仔细想想，我们能凭借的东西还是有的，只要细心去找就能找到。只要不屈服，胜利就在前方。一个不了解自己生活强项、不能高调做事的人，结果只能是吞下失败的苦果。

驴爷爷的教导

驴博士办公室的墙上有一个条幅是用小篆写成的，他请人把它裱得古色古香，没事的时候就对着那个条幅发呆。由于用的是篆书，所以很多驴子不知道上面写的是什么，再说即使有驴子认识几个篆字，进入领导的办公室也不好一直盯着看。

很多驴子想弄清楚那些字是什么，但都不好直接问。

一次宴会，驴博士酒过三巡有些醉意，说话也不似往常，一头驴子大着胆子问："老总，您办公室墙上的究竟是什么字啊？是您的初恋情人送的吗？每次都见您盯着看"。驴博士哈哈大笑："什么情人啊！是我的爷爷教我做人的道理！"

驴博士出生在渔民家庭，从小就喜欢海，总想随爷爷出海，但是一直都得不到爷爷的允许。他每次请求爷爷带他一起出海，爷爷都以他还小、以后有的是机会为由拒绝他。他知道爷爷是怕他这唯一的孙子出什么意外。

他读了小学、中学、大学一直到博士毕业要远离家乡去工作的时候，爷爷才答应带他出一次海。因为他要去的地方是一个见不到大海的地方，爷爷决定带他出一次海，一来了却他从小就有的心愿；二来让他去见识见识大海的博大，开阔开阔他的心胸，或许对他以后的做人、做事都有好处。

要出海了，驴博士非常兴奋，他跟着爷爷跑前跑后，做好所有准备工作之后，在一个风和日丽的日子扬帆出海了。他终于见到了广阔的大海，高兴地手舞足蹈像个孩子似的。也许在爷爷的眼里他本来就是一个还没有长大的孩子。

大海深处，爷爷教他如何使舵，如何下网，如何根据海水颜色的变化辨识鱼群。但是海也有不测风云，大海的脾气谁也捉摸不透。也许刚刚还晴空万里、风平浪静，突然间就会变得狂风大作、巨浪滔天。

两个多时辰的好天气之后，大海还真翻了脸，这让驴爷爷这个出惯了海的老水手也有些措手不及了，但他并没有慌张，用力地掌着舵，同时大声地命令驴博士：“快拿斧头把桅杆砍断，快！”驴博士不知道这样做是为什么，但是看到爷爷焦急的神情，他一点也不敢怠慢，用尽全身的力气，以最快的速度砍断了桅杆。

没有了桅杆的小船在海上随风漂流，直到大海重新恢复了平静，爷爷才让孙子和他一起用手摇着橹返航。失去了桅杆的小船，无法升帆，行驶得很缓慢。驴博士问爷爷：“为什么要砍断桅杆？”爷爷说：“帆船前进靠帆，升帆靠桅杆，桅杆是帆船前进动力的支柱。但是，由于高高竖立的桅杆使船的重心上移，削弱了船的稳定性，一旦遭遇风暴，就有倾覆的危险，桅杆又成了灾难的祸端。所以，砍断桅杆是为了降低重心，保持稳定，保住人的生命，人是最重要的。”

现在，驴博士虽然离开了爷爷，但是爷爷的话却永远记在心里。他工作非常努力也很出色，从一个小小的职员，一直做到了公司的总经理。但是，无论取得多大成绩，无论地位多么显赫，他从来没有骄傲过，也绝不会在别人面前摆架子。他说：“高调做事，低调做人”是爷爷给他的教导。每当春风得意之时，总会想起那砍断的桅杆。

管理智慧：

高调做事，低调做人是人的一种修养，如果一个管理人员做到了这个，那么他在管理当中也不会遇到什么麻烦了，在他管理下的职工也必将“知书达理”。因此，要想做一名成功的管理者，就要先提高管理者个人的素质，只有管理者的素养上去了，员工的修养才会跟着提高，否则提高员工的素质修养只是一句空话。

员工心得：

工作中不可居功自傲，要明白高处不胜寒的含义，时常有人稍有名气就到处洋洋得意地自夸，喜欢被别人奉承，这些人迟早会吃亏的。所以在处于被动境地时一定要学会藏锋敛迹、装憨卖乖，千万不要把自己变成对方射击的靶子。

工作中要学会顺从，听从领导的安排，领导指挥的风往哪吹，自己就往哪漂，否则就会像迎风而上的小船一样，容易被折断桅杆。

场外音：

做人要懂得谦虚，规避风头，才能走好人生路。谦虚能够克服骄矜之态，能够营造良好的人际关系，因为人们所尊敬的是那些谦虚的人，而决不会是那些爱慕虚荣和自夸的人。

在待人处世中要低调，千万不要逞强，顶风而上，会折断自己理想的翅膀。因此，当自己处于不利地位，或者危险之时，不妨先退让一步。这样做，不但能避其锋芒，脱离困境，而且还可以另辟蹊径，重新占据主动。

第六章　耐不住寂寞别做驴
——如何度过职场的压力期

作为一名管理人员不要偏听偏信，“三个臭皮匠，能顶一个诸葛亮”，遇到难题的时候要与大家共商克服的大计，只是靠一两个人的力量终究是有限的。

要想在职场上自立，工作能力固然重要，但良好的心理素质也是必不可少的，在面对工作和人际方面的各种不适时，能理智地分析并解决问题，这才是作为新人应该正视的方向和目标。

克服“失意症”的驴

成驴工作已经三年多了，刚踏入工作岗位时的一两年里，他工作积极，灵感和创意不断地袭来，工作业绩一路直上，得到了领导和同事们的一致好评。

然而，成驴在这半年当中，常常感觉自己“今不如昔”，工作就像已经到了极限，总在原地踏步，他觉得领导和同事们对他也大不如从前，好像所有的人包括他自己都不再肯定他的工作了。他忽然对这所有的一切感到厌烦了，过起了随波逐流的日子。

一天，老板表扬成驴的月结报告写得好，不像其他驴子一样应付公事，像记流水账一样，把自己的工作复述了一遍，一点儿也不深刻。老板吩咐大家借鉴一下成驴的报告，然后写写心得体会。

成驴觉得自己这次写报告，随便写了一下，写得一点也没有过去认真，老板却这样称赞，不知道这是不是老板在暗中提醒和批评自己。成驴变得情绪更加低沉了，他承认自己已经江郎才尽了，大脑开始闹“饥荒”了，过去的灵感和创意都消失得无影无踪，无论他如何绞尽脑汁仍无济于事，成驴对自己彻底失望了。他认为自己的工作不再有什么成就了。每天的上班下班成了例行公事，甚至不到下班的时候就想赶快逃离办公室，对工作彻底失去了兴趣。

一段时间之后，老板发现成驴的情绪不对，觉得他的工作热情也大不如前了，就放了成驴几天假让他调整一下情绪。

成驴走出办公室，并没有如释重负的感觉，反而觉得心烦意乱起来。他认为老板放自己的假，大概是对自己的工作有成见，是不是在考虑辞退自己。成驴更加心烦意乱，虽然最近工作没有什么创新，但是，他也不想失去这份曾付出了自己很多心血的工作。他越想越伤心，就独自去了一家酒馆喝起了闷酒。几杯酒下肚之后，成驴感觉自己头晕乎乎的，但是心里舒坦了很多，于是放开地大喝起来。成驴想一醉解千愁，就让自己醉吧，醉了会忘记一切烦恼。

不一会儿，成驴就自言自语起来，他喊着一醉解千愁，还是醉了好。他不断地重复这句话，靠门口的座位上有一头须发皆白的老驴子，听见了成驴的话，觉得他一定是喝醉了，就过去劝慰成驴。他说：“小伙子，你醉了，不要再喝了，快让我送你回去吧！”“不要假惺惺的了，想要开除我你就直接说嘛，凭什么不明不白地放我的假！”成驴大吼。老驴赶紧劝慰：“不是，不是，是想让你好好放松一下，没有要开除你的意思，千万不要多想。”“真的？”成驴一脸疑问。老驴将错就错：“是的，走吧，不要再喝了，咱们出去聊聊，这里太吵了。”

成驴跟着老驴走出了酒店，他们来到了一块草地上，老驴说：“你看这里的草多柔软啊！躺下来会更舒服。”成驴有些累了，他很舒服地躺在了草地上，大概是酒精的作用，不一会儿他就睡着了，老驴坐在成驴的旁边，怜惜地爱着他。

成驴一觉醒来，发现老驴坐在身边，他愣了一下，想起来是自己喝多了酒，连忙向老者道谢。老驴摆了摆手，微微一笑，说道："我看你是工作中遇到了麻烦，如果相信我，不妨给我说说，看看我有什么可帮你的。"成驴觉得老驴很真诚，给他说说也无妨，就把事情原委告诉了老驴。

老驴说："这没什么，谁工作中都会有这么一个时期，因为在过去的几年中，你的灵感和创意长时间被输出过多，所以，现在才会有江郎才尽的感觉。你要度过这个时期的最好办法莫过于去参加培训班，或者给自己办张图书馆的借书证，利用空闲时间给大脑安排"大餐"，重树信心。"

成驴听了老驴的话，不仅参加了补习班，还有意识地去接触一些新事物，打破自己现有的思想惯性，终于又恢复了往日的风采。

管理智慧：

重复工作往往会使一些老员工失去工作的兴趣，觉得工作没意思，即患上了"失意症"。管理者对于员工的"失意症"既不能视而不见，也不能默默地帮助。企业要想帮助员工克服或者杜绝"失意症"，就要不断丰富员工的工作生活，工作中不要让员工产生压力，也不要一紧一松。如果紧张的忙碌过后工作就会无比的轻松，这时候员工就会感到空虚，因为他们已经习惯了忙碌。空虚就会让人产生失意感，员工一旦患上了"失意症"，再有什么紧急的工作任务，他就会感觉很烦，甚至是不想工作，把工作看成负担，这样会对企业造成极大的不利影响。因此，企业要适时地帮助员工调节一下生活，开展一些集体活动，让员工长时间地保持积极性。

员工心得：

工作一段时间后谁都会进入一个压力期，因为这时候已不需要担心自己的表现不好给领导留下坏印象，熟悉的工作也失去了挑战性，忽然觉得一切没有了新意，这是极其正常的现象，但是自己不能放任这种感觉的发展，这种感觉一旦发展下去，就会让人失去前进的动力。

工作中出现问题的时候一定要弄个明白，不要胡乱猜想领导的意思，不明白就要及时与上级沟通，不要自暴自弃。

场外音：

生活不会一帆风顺，总会有坎坎坷坷，工作也不可能永远顺风顺水，总会有磕磕绊绊，如何有效舒缓生活和工作中的压力，让自己平安度过心绪上的低潮，每个人都有自己的方式方法，世上没有适用每个人的通用法宝，只要找到适合自己的，就是最好的缓解压力的方法。所以，压力并不可怕，可怕的是自己找不到解救自己的办法。

初入职场的驴

小驴第一天上班，心情既紧张又兴奋。揣着一颗怦怦直跳的心，他推开了办公室的门。

但是，意外很快就出现了，人力资源部经理将小驴领到他所在的外联部后，就没人再理他了。这时候办公室里还有一个人在，小驴想过去和同事打个招呼，但是那人见他过去，抬头看了一下理也没理他，小驴觉得这个人很冷漠，就没敢开口和他说话。小驴一个人无趣地坐了一会儿，也不见有人来给他安排具体的工作，就想可能眼前的人就是自己的领导吧！小驴硬着头皮上去跟他打招呼，请他以后多多关照。没想到他却阴沉着脸说："新来的？到这个部门来的都是有门路的人，你的后台是谁啊？"他的话，让小驴感到很难堪，因为小驴确实在这个公司有熟人，来这个公司应聘的时候曾向它打探了一些公司内部的消息，但是自己能进这个部门，也不是靠关系进来的啊，一时间小驴不知道怎么回答是好。

正在这时候，部门经理走了进来，了解了一下小驴的个人情况之后，就吩咐小驴把饮水机的水换了，然后出去帮帮公司交话费，还让他回来的时候给同事们带午餐，还指定了要马路对面快餐店的快餐。小驴觉的这些事情很烦琐，但是经理吩咐的事情，又不好不做。

小驴交完话费，又到快餐店等午餐，一上午的时间就这样过去了，小驴还没有搞清楚自己的具体工作到底是什么。好不容易熬到下午上班的时候，本以为经理会给自己安排工作了，没想到经理来了之后，又让小驴去打扫库房，然后是搬运办公用纸等零碎活。就这样跑跑颠颠一下午的时间又过去了，小驴还没抽出时间来收拾自己的办公桌，就到了下班的时候了。憋闷了一天的小驴，没整理自己的办公用品就离开了办公室，他实在是觉得太压抑了。

上班第一天小驴就感到很没有意思，这份工作和他想象中的差距太大了。小驴想赶快进入正常的工作，于是第二天早早就到了。但是，事情并没有像小驴所想的那样。经理来了，让小驴帮他处理一点文件之后就没有再说什么，小驴大多数时间是一个人默默地坐在办公桌前，其他同事也不理会他，他们除了支使他干一些零碎的活之外，一句话都不肯多说，小驴对他们而言简直是可有可无。

这样过了几天，小驴简直不愿意干这份工作，他觉得公司没有人在意他，他干的活也是一些毫无意义的零活，根本体现不出他的价值。当小驴把辞掉这份工作的决定告诉爸爸的时候，爸爸说："谁都会经过这么一段时间的职场压力期，你要想办法克服困难，而不是被困难所吓倒。当环境不利于你的时候，你就要努力改变它。"小驴觉得爸爸的话有理，他就每天早早到公司，把办公室打扫得干干净净，把同事们需要的东西放在随手可以拿到的地方。就这样不知不觉同事们对小驴的态度都有了改变，他们再不好意思随便支使小驴干零活了，有时候还主动找他聊天，一些集体活动他们从不忘记通知小驴，小驴渐渐地喜欢上了这份工作，他也很乐意主动去帮同事做事。

管理智慧：

有很多人喜欢卖弄自己的老资格，"欺负"新来的员工，刚入职的员工到了一个全新的生活环境也会感到很孤独，因此，企业对新员工要多加关心，在工作中给他们适当地开一些绿灯，可以把他们交给可信的老员工带一下，这样有利于他们尽快地融入大集体当中。避免企业人才的流失。

管理人员也不能"冷落"了新入职的员工，要从员工开始上班的第一天起就分配给他一些工作，当然工作量不宜过大，一定要适度。因为，如果不分给新员工工作，再加上新员工对环境的不熟悉，他就会感到无所适从；如果工作量过大，他就会觉得有压力，对以后的工作产生恐惧。

员工心得：

在企业当中，良好的团队精神越来越被大家所重视，并且被认为这是决定一件工作能否成功的关键因素。所以，如果你想在最短的时间内融入这个集体，想在最短的时间内在办公室站稳脚跟，并在最短的时间内做出成绩，那么你就要少说多听，主动与同事交流，在同事的心目中树立起容易沟通的印象，否则，你会在工作中体验到被孤立的尴尬。

刚入职的时候，不要在意前辈们对你的态度，少说多做，做好你自己的事情，把自己优秀的一面及早地表现出来，做出成绩来他们就不会再轻视你了，时间长了大家自然就会接纳你。

场外音：

要搞好办公室人际关系，让前辈们认同你，就要先认识几位新同事，最好从身边的团队伙伴开始认识，不要因为他们老是在支使你干一些琐碎的事，而疏远他们，对他们有怨气。你要知道，他们也曾经经历过与你一样的“菜鸟期”，也被自己的前辈修理过，现在终于“多年的媳妇熬成了婆”，有优越感是正常的。刚到一个新的工作环境中是这样，要想融入其他的团体中也要这样做，否则你就会被他们孤立，做什么事情都会孤立无援。

驴子小花

驴子小花和小红都是老板的助理，只是她俩的分工不同。小花负责的是办公室的日常事务，小红负责行政及企划。

小红进公司的时间要比小花早两年，因此，小花把小红当成前辈看待，有什么不懂得问题就向她请教，然而小红却对她非常冷淡，每次向她请教，她几乎都会说："你自己琢磨琢磨吧！"平日里小红更是很少和小花说话。小花碰了几次钉子之后，就不再找小红请教什么了。她遇到问题就自己思考，总结经验，一来二去，小花倒也悟出了不少东西，工作能力也得到了很大的提高。

小红的工作要经常和老板交流，所以，小红成了老板眼中的红人，有时候老板和小红谈话，就让小花站到办公室外面去等。小花觉得这样的工作太无聊了，又找不到可以说话的人，而且有小红的存在自己永远不会得到老板的器重，小花对工作失去了积极性，她一直在寻找跳槽的机会，想赶快离开那个让人窒息的地方。

一天，老板好像遇到了什么难题，急得在办公室里走来走去，并且让小花赶快把小红叫到老板办公室。小红和老板讨论了好长时间，也没有拿定主意，午饭的时间到了，老板说让小红再想想办法，就让她出去吃饭了。小红走出老板的办公室，看到了站在门口的小花，她这次主动给小花说吃饭时间到了，一起去食堂吧。

小花跟小红来到食堂，吃饭的时候，小红把老板遇到的难题告诉了小花，问她觉得怎么做才好。小花说了一下自己的建议，小红边听边点头，称赞小红的建议好。

午饭后，小红又去了老板的办公室，在里面待了很久。几天后，老板在公司例会上表扬了小红，说小红点子新，年轻有为，帮他解决了一个大问题，是个可造之材，并说他正打算在适当的时候提升她呢。

事后小花有一种被人利用的感觉，明明是自己的主意，却成了别人升职的梯子，她觉得留在这个公司再没有意义了。小花去收拾一下自己的东西，她正准备向老板辞职的时候，老板来了。他对小花说："你一定要向小红好好学习啊！我就是缺少她那样的人才，你有什么不懂的问题抓紧时间向她学习，我准备调她去别的部门给我独当一面，看看你能不能接替她的工作。"小花心想，让老板器重小红的那个点子本来就是自己出的主意，这个时候离开，好像是自己真的能力不行，于是她决定留下来证明自己的实力。

俩月之后，小红成了一个部门主管，小花成了负责行政和企划的助理。刚开始，老板生怕小花能力不够，闹出什么乱子，总是不断地提醒这提醒那。一段时间之后，老板觉得小花不仅心思细密，而且做事颇讲究方法，渐渐地放心了。后来，老板觉得有小花在身边帮助自己，他省了很多麻烦，比小红在身边的时候做事还顺利。倒是小红主管的那个部门常常出事，让他费了不少心。

老板不时地在同事们面前夸奖小花的办事能力强，遇事也爱找小花出主意。小花已经成了老板不可缺少的谋士，她自己也越来越热爱这份工作了。

管理智慧：

作为一名管理人员不要偏听偏信，"三个臭皮匠，能顶一个诸葛亮"，遇到难题的时候要与大家共商克服的大计，只靠一两个人的力量终究是有限的。不要只相信某个人，也许你一向不注意的人会带给你意外的惊喜，因此要把解决问题的机会让每一个员工分享。

"任人唯贤"是老生常谈了，但是还有好多管理者任人看交情，而不是看能力，只要眼前有"红人"就忽视了其他人，可谓是"一叶障目，不见泰山"。这种做法是很不对的，不利于充分利用人才，做不到人尽其才，企业就会受到无形的损失。

员工心得：

工作上要积极主动，但要谨防自己的奶酪被别人拿走。当有什么新点子的时候，不适合给同事唠叨，可以直接找上司提建议。这样你才会被领导重视，你才有机会充分发挥你的才智。

当发现问题的时候，不要默默生气，要及时向上级汇报，不要让自己的意见当成别人向上爬的梯子。只要自己有能力，就不要有什么顾虑，大多数老板都喜欢给自己解决问题的员工。

场外音：

职场就是战场。俗话说，害人之心不可有，防人之心不可无。对小红这样的同事，以后还是防着点为妙，尽量不给他人抢夺你劳动果实的机会。如果对公司的发展你有好点子，不妨多与老总沟通，以免自己的劳动果实被他人据为己有。但这样做，你会免不了被别人暗地里排挤、嫉妒，弄不好还会给你下绊子，让你吃不了兜着走。但你还是要想办法跟他人搞好关系，尽量化解他人对你的怨气，谁让你是“菜鸟”呢？人生路上也是如此，冤家易解不宜结，多一个敌人不如多一个朋友，但是不要让自己的利益受到损失。

从“菜鸟”变成“大虾”

菜驴经历了无数次应聘后，终于找到了一份比较满意的工作。他很珍惜这个来之不易的机会，进公司后一直都在兢兢业业地工作。领导让干什么他从来没有怠慢过，做什么事情都小心翼翼，唯恐有什么做得不好。他一直很努力地适应着这个新的环境，新的工作。

然而，菜驴工作了一段时间之后，才发现，他所有的努力，都不被领导和同事所认可。不管他做什么，不管他多么用心，换来的总是他们的冷嘲热讽。菜驴在他们的眼里好像就是一个废物，永远没有做对的时候。

在这样的环境中，菜驴感到真的很压抑。他不再去理会他们的嘲讽，那些形形色色的办公室里的勾心斗角，和那些形形色色让人不寒而栗的眼神，他都装作视而不见，他开始给自己制定一个又一个的工作目标，菜驴学会了在自我满足中寻找快乐。

日子像飞一样高速运转，时间一年一年地过去了，当初靠实现目标获得自我满足的驴，又有了新的烦恼。因为预期目标总是犹如天上的星星，近在眼前，伸手却难以触及。一点一点的郁闷不断郁积于心，让他精神紧张，烦躁不安，无法集中精力做任何事情。有时明明有时间，也有很好的环境，却不能静下心来，手头积压了一大批工作要做，就是懒得去做。想要放下一切，彻底玩个痛快，又不能完全放下手头的工作。

郁闷烦躁的时候，到街上逛逛，疯狂购物一番，然后回来享受各种各样的美食，这是别人给菜驴介绍的方法，但是这个方法对他毫无作用，因为在烦恼的时候，他吃任何东西都感觉味同嚼蜡，烦恼有增无减。烦恼的时候，他也想去跳健美操，运动运动，但是懒洋洋地他却提不起精神来。

一次，菜驴正在烦恼的时候，他的一个朋友打来电话，说一起出去玩玩。菜驴说工作中遇到了烦恼，不想出门。朋友说："在家一个人不更烦吗？出来玩玩，把不开心的事情都说出来，也许会好点"是啊，菜驴想，自己在家又能解决什么问题呢？就出去放松一下吧！

好朋友长久不见，再烦也还是要克制的。菜驴见到了朋友并没有一股脑儿地把自己的烦恼倾诉出来，他怕自己语言过激，影响朋友的情绪。

两人边说边走，看到路边的卡拉 OK 厅，朋友建议去吼几声，菜驴也正想发泄一下，俩人就进去了。在里面可以尽情地高歌，菜驴挑了几首高亢的歌曲，放开嗓音地唱。几首歌后，通体舒畅，郁闷随之而散。虽然烦恼还是没有根本解决，但却缓解了不少，这未尝不是一件好事。

此后，菜驴一感到压抑的时候，就邀几个朋友去唱歌，去发泄，每次唱完歌，他都会觉得舒服了很多，工作起来也有精神了，遇到困难也不再烦躁不安了，工作中的一些问题，他总能冷静地处理掉，他给自己制定的目标也不断地实现，他对工作又充满了激情，在公司中的地位也不断地提高。

管理智慧：

一个蓬勃发展的企业定是一个重视人才的企业，当今企业的竞争也是人才的竞争，一个企业要想立于不败之地，就要不断地发现和培养自己的人才，否则会在竞争当中一败涂地。

年轻职工的发展潜力是非常大的，不要轻视年轻人做出的贡献，否则会打击他们为企业付出的积极性。企业要想办法积极鼓励年轻人为企业多做贡献。只有企业的支持和鼓励才能提高员工的积极性，否则谁都不想多付出，那么企业的发展也会受到影响。

员工心得：

要想在职场上自立，工作能力固然重要，但良好的心理素质也是必不可少的，在面对工作和人际方面的各种不适时，能理智地分析并解决问题，这才是作为新人应该正视的方向和目标。

职场“菜鸟”和“大虾”之间，有着永远也上演不完的恩恩怨怨，是是非非，只是，“菜鸟”终究会变成“大虾”，每一只“大虾”都是“菜鸟”变身而来的。保持一颗平常心，乐观对待做“菜鸟”的每一天，相信你也很快会从“菜鸟”变身为“大虾”的。

场外音：

职场中就像人生一样，会遇到这样那样的烦恼，但是并不是每个人都能成功地摆脱烦恼，只有那些能够从烦恼和压力中解脱的人，才能做出一番大事业。

每个人面对的烦恼不一样，解决的方法也不同。不过，遇到烦恼的时候，不要一个人闷着，要试着去寻找解决烦恼的方法。如果一个人闷不作声，为烦恼而烦恼，那么烦恼也不会离自己远去。所以，人遇到烦心事的时候，不但要想开一些，还要有意永远去忘掉烦恼，一味地想着烦恼，不但烦恼不能解除，还会影响工作。

驴子的解压法

驴子小李是一个普通的文字编辑，他工作勤奋，就是有点死心眼儿，曾多次与上司发生冲突。

这次因为坚持自己的审稿原则，不肯按上司的意思去修改，又和上司发生矛盾。而上司也好像专门和驴子小李较劲一样，把驴子小李主审的稿子交给了另一位驴编辑处理，驴子小李一气之下辞了职。大家都劝驴子小李，领导让怎么做就怎么做，睁一只眼闭一只眼就算了，何必那么较真呢！但驴子小李宁可辞职也不愿意屈服。

就这样，驴子小李成了一名自由撰稿人，他决定不再看任何人的脸色行事，靠自己写稿来养活自己。在家里办公是很多人都羡慕的事情，那样就可以不必每天挤公交车上下班，也没有来自同事的排挤和比拼。什么时候累了都可以休息，每天可以睡到自然醒，也没必要去应付那些总也加不完的班。

也许是驴子小李高估了自己的能力，一个月以来投出去的稿子多数被退了回来，他的自信受到了严重的打击。并且他的收入一下子也少了很多，因为报刊的稿费普遍偏低，再加上一般都是发稿后三个月才付稿费。驴子小李开始怀疑自己是否做出了错误的选择，以前在公司上班的时候，到时间就领工资，月月如此，从不用担心费用问题。并且公司有员工宿舍和食堂，这还免去了房租、水电和一日三餐的烦恼。离开公司后，这些烦恼和压力也随之而来了。

有时候为了赶约稿，他不得不连夜写，等到稿子写好发出去以后，再睡觉却怎么也睡不着了。因为大脑还处在写稿的兴奋当中，有时候，他还要担心稿子是否能通过，心里久久平静不下来。约稿编辑如果觉得稿子不够好，还会通知马上修改，睡肯定是没法睡了。这么一弄，工作就不分黑白了，人体的生物钟也被打乱了，焦虑、失眠、紧张、忧郁、多梦、头痛这些症状接踵而至，几个月下来，驴子小李变得人比黄花瘦，身似柳叶轻。后来，驴子小李苦思冥想，终于找到了一套减压方法，才把自己从压力中解救出来。

一、合理安排作息时间，保证睡眠质量。不加夜班，睡前多做一些有助于睡眠的运动。适当地放松一下，常给自己放个假。

二、合理搭配三餐，不挑食，保证营养均衡。健康的身体是工作的前提，身体好精神才会好，精神好大脑才会活跃。

三、保持乐观、自信的心态。谁的工作都不可能一帆风顺，不顺利的事情时有发生，这时候一定要乐观，要相信自己的能力，相信自己能够解决各种困难。

四、多与人交流，学会释放烦恼，自我减压。遇到烦恼，感觉有压力的时候，多与朋友交流一下，发发牢骚，让朋友帮忙出出点子，心情就会舒畅许多。

五、多接触新知识，对新事物保持兴趣。学习新知识可以让人的心理恢复年轻状态，让人更有上进心；保持自己的兴趣爱好，可以把人从烦恼抑郁的困境中拉出来。

六、散步和运动健身。每天抽出时间在就近的公园走一走，有益身心，整天一个人闷着，是一件非常痛苦的事情，适当地运动不但能强身健体，还能缓解你身心的疲惫。

七、找到自己与社会的切入点。谁都有自己的生活方式，只要选择了，坚持下去就能够在社会中立足。

管理智慧：

有些企业里的部门主管，素质真的是不过关，他们常常公事私事不分家，对手下能力的判断，全凭个人喜好。自己喜欢的人明明能力不够却要赋予重任，而那些真正有能力的人却会受到他们的排挤，因此，在企业团队建设中，提高“小头目”的自身素质尤为重要，对这部分人一定要慎用，否则他们会把一些有用人才给挡到企业的大门外。

另外，企业对那些主管人员要经常考核，要注意他在员工心目中的形象，对一些不合格的主管人员，要及时更换，不要让他变成企业的害群之马。

员工心得：

对于不合格的管理人员，自己可以找他的上一级领导反映，当然一定要找一位公正无私的领导反映才行，如果你信不过的话，可以直接找企业里的最高领导，否则那些你信不过的人有可能合起伙来打击报复你，那样的话你就会在企业中无立足之地。

当你感到一个企业让你失望透顶的时候，就不要再勉强自己留下，及早地退出来，去寻找更有利于自己发展的工作才是上上之策。

场外音：

每个人都有自己的生活方式，哪种生活方式对自己有利，哪种生活方式就最适合你，如果你勉强自己选了一个不合适的生活方式，那么你就会被它所累，不仅打乱了你生活的原有秩序，还会让你一事无成。所以，无论做什么事都不要意气用事，要考虑清楚后果再去采取行动，否则后悔莫及。

当你对生活感到有压力的时候，可以试着去改变一下生活方式，减少自己的压力，人生在世，最重要的是生活的快乐、舒心，也只有在这种生活状态中才能做出一番事业。

爱跳槽的驴

小胖驴刚刚从一所名校毕业。他头脑灵活机智，又能说会道，在他的身上一点没有别人刚步入社会时的羞涩和矜持。

毕业找工作是年轻驴子们比较头疼的事情，但是小胖驴一点儿也不发愁。他觉得找工作是看自己愿不愿意干，不是看人家公司愿不愿意雇佣。

这不，小胖驴刚刚毕业半年，就已经换了三次工作了。这可成了小胖驴的骄傲了，他每次碰到还没有找到工作的同学，就会炫耀一番。他说："工作算什么啊！这个不行咱再换，不必挑挑拣拣，先干了再说！"

因为小胖驴表现的比较老成，也有工作经历，和没有工作过的同学一起去应聘，人家总是优先考虑他。这不，他这次又和一位没有找到工作的同学一起去应聘，招聘主管一问毕业时间就认为他们都还没有工作过，和小胖驴一谈又觉得他比其他的驴子懂得多，成熟得多，什么也没说就答应和他签合同了。而他的那个同学，坐在那里几乎一言不发。招聘人员的问题，也几乎都让小胖驴代为回答了。最后，因为那个公司招聘的人数量比较多，而那头不爱说话的驴又是和小胖驴一个学校、一个专业的同班同学，招聘人员就答应留下他，并且说让小胖驴好好带带他。

每个公司对刚入职的新员工都比较关心，刚开始工作任务都比较轻，并且派专人指导。小胖驴和他同学去的公司也不例外，他们刚入职，老员工们对他们关怀备至，工作中有问必答。小胖驴很快就熟悉了工作流程，能够独自工作了，倒是他的同学显得比较愚笨，老是逮着老员工问这问那，小胖驴都觉得他有些笨，有些烦了。每当他同学一开口的时候，他就示意他不要多讲话，他告诉他自己多想想，有问题就问他，不要老是去问老员工们，那样的话他们会很烦，并且会看不起他。

小胖驴的同学初来乍到没有一点工作经验，想不明白的问题就依小胖驴说的去问他，但是小胖驴的解释往往让他听得模模糊糊，倒是那些老员工回答问题总能一针见血。于是，小胖驴的同学有问题的时候就积攒起来，趁小胖驴不在的时候就追着老员工问个清楚。

两个月的试用期过去了，小胖驴和同学都熟悉了业务，主管分配给他们的工作也多起来了。试用期间他们只拿基本工资，现在有提成可以赚了，只要多劳一定能多得。小胖驴看着同学每天忙得不亦乐乎，有时候还要加班加点地干，他反而觉得这样工作很辛苦。他不愿意这么辛苦，就想再换一份比较轻松的工作。原来，小胖驴那几次换工作都是因为试用期一过，工作就没有那么清闲了，他受不了那种劳累就打算换工作。

下班之后，小胖驴对同学说："没想到这份工作也这么累人，咱们辞职去找个清闲点的吧！"他同学说："那怎么行呢！刚熟悉一份工作，再去找工作，那什么时候能稳定下来啊？要去你去，我不会去的。"

小胖驴又辞职了，他想找一份清闲的压力小的工作。半年之后，他的同学工资已经翻了一番了，小胖驴去了另一家公司，还在试用期内呢！

管理智慧：

刚入职场的人有其优点和缺陷，如果一个新人看上去太完美的话，这并不是一件好事。因此，企业管理者不要只看新人的表象，因为新人在进入一个全新的环境中，感到不安、羞怯、紧张、不知所措是正常现象，如果以这些表面现象来判断一个人是不是你所需要的人才的话，那就会大错特错。

越是低调的人越有潜力，那些善于炫耀的人往往是腹中没有多少东西的人，低调的人在以后的工作当中，才会认真学习，努力付出。什么都看不起的人，对什么也不会保持兴趣的人，往往是一些轻浮的家伙，管理者在挑选人才的时候，一定要把他们排除在外，而不是优先考虑。

员工心得：

待遇不好，收入不高，这是大部分职场新人不停“换东家”的主要原因。对于新人来说，刚刚踏入职场，公司能给予成长的机会应该是你非常重要的择业标准。只有持续成长，才能获得越来越优厚的待遇。企业在录用你时给予一份薪资，同时也在教你如何融入企业文化，如何与同事相处、与客户沟通，如何让自己快速成为一个职场人士，这都是无形的收入。过于注重眼前短暂的利益，未能以长远的眼光来衡量成长及获益，高薪也会离职场新人越来越远。

场外音：

频繁跳槽不利于职业生涯塑造。职场人士在“起跳”前，应多方面平衡考虑一下薪资、经验积累、爱好、专业、生存压力、职业规划等多种因素。权衡之后，才能稳健实施跳槽计划。

职场当中如此，人生当中也是如此，无论你做什么事情都要有恒心，如果你对什么都浅尝辄止的话，你最后会一事无成。因此，不管做什么事情只要开始做了，就要坚持到底，所谓“善始善终”，如果做什么都是有始无终的话，那么做什么都是白费心机。

患了“懈怠症”的驴

驴在一家知名的建筑公司上班。这是一家老公司，信誉很好，因此业务量很多。驴来自农村，是个典型的吃苦耐劳的青年，从小在农村长大的他比其他驴子更明白生活的艰苦，驴为了能够在这个人才济济的地方站稳脚跟，他异常地勤快，对自己要求也非常严格，经常自己加班加点，赶上周末也很少休息。他还有意学点儿其他的知识，他时常勉励自己：多学点知识没有什么害处，说不定什么时候就能用上，等书到用时再学就晚了。在他的脑子里只有努力工作实现自己的梦想——成为一名优秀的工程师。在其他同事的眼里驴是一个生活态度积极的青年，果然功夫不负有心人，驴很快实现了自己人生梦想，成为了一名工程师。他很骄傲，其他同事也都认为这是他应该得到的。

时间一天天的过去，突然有一天驴不知怎么的失眠了，他感觉现在压力很大，甚至厌烦一遍遍地重复工作内容。生活中没有什么新鲜的东西让自己期待，自己有些力不从心了。到了晚上还留在公司加班的驴子中已不见了他的身影，公司平时举办的活动他也提不起精神去参加了，同事们见面都问：“驴，最近你怎么啦？跟吸毒似的。”当然驴知道这是同事们在跟他开玩笑，但他也意识到自己确实变了。不再去学其他与工作无关的东西，也不再去想着更加努力工作。他感觉自己好像掉进了大海，一点儿不能动弹，不是没有力气而是不知道往哪个方向游。

朋友建议他去咨询一下专家。驴叙述了自己的情况：不知怎么的过去支持自己连续加班三昼夜的工作热情突然消失了，自己悲观地觉得，奋斗是毫无意义的事情，怎么也提不起精神认真工作。专家分析也许是：

一是缺乏动力。每个人都有一套激励自己的办法，作为继续努力的推动力。有些人努力工作，是想通过良好的业绩表现自己；有些人则喜欢努力工作后得到更多的薪金报酬；有些人则非常需要得到领导的表扬赞许。如果类似的动力长期缺失，后果便是工作热情不再。

如果是这样，那么你需要在现有的工作中找到新的激励点，让自己能够因为工作而产生成就感。能够激起成就感的因素很多，可以多变换角度思考。但如果实在找不到，那就证明你需要变换工作了。

二是坏习惯使然。有些人行动总是拖拖拉拉，一边工作一边上网聊天，这就势必大大降低工作效率，本来一天可以完成的工作，他们不得不在下班后带回家去做，长时间得不到休息，直接影响了工作状态和意志。除了赶紧改掉坏习惯，戒除已经形成的惰性外，再无他法。

三是旧的奋斗目标已经达到。有些人年轻时立下奋斗目标，不过是月薪 5000 元，买 120 平米的房子，当这一切已经通过努力得以实现后，他们便失去了目标和斗志。这个时候，目光需要离开现有的交往圈子，看一次豪宅，逛一次顶级的百货公司，也许就能激励自己重新确立新的更高的奋斗目标。

驴听完专家的分析后，自己豁然开朗，感觉很轻松，原来是他给自己的目标不够高，没有压力的生活，让他失去了工作的动力。他对自己笑了笑说："加油！"

管理智慧：

"懈怠症"是员工常见的病症之一。患了"懈怠症"的员工，对什么都失去了兴趣，不愿意再努力工作，工作效率极差。因此，作为企业要做好医治员工"懈怠症"的准备。

预防和医治员工"懈怠症"可以从以下几个方面入手：不断地进行激励——可以是现金，也可以是实物的奖励，充分调动员工的积极性；不断地惩罚——对一些坏习惯：比如，不按时完成任务等进行惩罚，让员工产生恐惧感，不敢怠慢工作；不断地施压——定期给员工提高目标，目标要适当地高一些，让员工感觉不是很容易就能完成。

员工心得：

如果发现自己患上了“懈怠症”，一定要及早进行“医治”，一旦让懈怠成了习惯再想改变就不那么容易了。

要适时地给自己一点压力，只有感觉到压力的时候，才会更加努力去工作，否则就会对工作失去兴趣。并且要学会自我调节，不要让坏习惯形成，遇事多与人交流，让别人给自己出出主意，想想办法，那样会有利于事情的解决。

场外音：

无论做什么事情都要给自己保持适当的压力，不要压力太大或是没有压力，那样的话容易让人失去兴趣。只有保持适度的压力，才会有前进的动力。

要学会摆脱，不管是遇到什么困难，还是什么坏情绪，都要学会自己摆脱，要懂得自我调节，只有善于走出困境的人，才能取得更大的成功。如果自己一味地被困境包围，而不去想法摆脱的话，那么人生或者是事业就不会再前进。

第七章　不必转圈也能拉好磨
——职场中的另类

如果对公司有什么不满的话，可以及时地与领导沟通，不要在背后抱怨，唠叨、抱怨解决不了任何问题，反而会给领导留下不良的印象。

一个企业要想立于不败之地，首先要有肯为企业付出的员工。

变意见为建议的驴

随着改革开放的加深，社会经济得以快速发展，驴子们怀揣着发财致富的梦想，从农村涌进了城市。而这时候城市里的公司也如雨后春笋般出现了，由于管理不到位或者其他什么原因，在很多公司开张的同时也有很多公司倒闭。

其中一个刚开业的公司，也在那些面临倒闭的公司之列，然而这家公司的老板却不是那种轻易放弃的人。这家公司的老板是个 30 多岁的年轻驴，当初注册公司的时候，他也是怀揣着抓住机会好好干出一番事业的雄心壮志，但是事情往往是事与愿违，在他的志向还没有实现的时候，公司就出现了将要倒闭的迹象。

公司规模还算可以，一开始就有数十位员工，员工们也很能干。员工们也想抓住这个时机，好好大干一番。因此刚开始的时候，在大家的努力下公司的效益还算不错，但是随着时间的流逝，以及员工们对公司了解的进一步加深，员工们没有了刚开始进公司时的热情，而是多了些抱怨。有的说公司这里不合理，那里不透明；有的说加班时间太长，加班费太少等，总之大家意见不少，都觉得公司的管理制度不够科学。

因为是个年轻的公司，想要在众多的公司中立足，就要付出更多的努力。因此，老板常常要求员工们加班加点，有时候还要干一些分外的活而没有加班费，这使几头原来就对公司不满的驴子意见更大。他们私下里议论这不符合劳动法，是违规的。牵一发而动全身，对公司有意见的驴子由刚开始的几个，发展到了很多。他们找到老板，你一句、我一句地述说着数不尽的意见，公司简直被他们说成了人间地狱。

有的驴子嚷嚷着要辞职，再加上公司的周转资金出现了困难，公司呈现出一片混乱。老板对此束手无策，他也意识到了公司存在的很多疏漏，可是他自己目前还没有想出很好的解决办法。也想过找专家分析指导，但是一时之间也没找到合适的。如果按照员工的要求，自己不但没有那么多资金，而且那样他怕会失去自己在员工们心中的威信，要是以后员工们提出更多的要求，到时候会更难对付。员工工作积极性不高，公司效益自然大不如前，老板看到这里心急如焚，他不想成为一个倒闭公司的老板，可是又实在想不出解决问题的办法，因此整日闷闷不乐，郁郁寡欢。

这天早晨，老板还是和往常一样来上班，员工们还没到齐。他走进自己办公室刚收拾了一下，就听见一阵敲门声响起。他想恐怕又是哪个员工来提意见，述说自己不满的，他对此非常反感，低沉地说了句："请进。"这时候驴子小王面带笑容地走到他面前。在他眼里小王是个头脑灵活的驴，不知道他又来给自己出什么样的难题。小王是个很干练的驴，几句话说明了自己的来意，老板很是惊讶，原来不是发牢骚的，是来给自己提建议的。

小王针对公司的现状提出了几点建议，都恰到好处，这让老板非常高兴，他邀小王促膝而谈，他们谈了三个多小时，终于出台了一些解决眼前困难的规章制度。第二天一早，老板便召开全体会议，在会上老板诚恳地说出了自己下一步的打算和措施，并向员工表达了自己的决心，会议进行了很长时间，员工们对老板下一步的工作打算和措施都很满意。

当老板问起小王为什么别人都提反对意见的时候，他没有跟随他们，而是在帮老板找应对的措施呢？小王说："公司困难的时候不仅需要我们去发现问题，更需要我们去解决问题。我觉得这时候提意见，远远不如提建议好。"

管理智慧：

企业的发展要靠大家的共同努力，一个人无论多么优秀，力量毕竟是有限的，因此在企业发展中遇到困难的时候，一定要让所有员工共同想办法渡过难关。作为领导者隐瞒困难或者是听不进别人的劝告，都不利于困难的解决。所谓忠言逆耳，有的员工虽然喜欢唠叨、抱怨，但是他们往往说得有道理，因此，不管员工说什么我们都要耐心地听一听，有则改之，无则加勉。

在平时工作中，不要引起员工的不满，员工一旦有不满意的地方，就要调查一下情况，如果是管理方面存在问题，就一定要及时改正，否则当不满情绪发展到所有员工的时候，领导就会面临失道寡助的局面。

员工心得：

如果对公司有什么不满的话，可以及时地与领导沟通，不要在背后抱怨、唠叨，抱怨解决不了任何问题，反而会给领导留下不良的印象。如果事情不是很容易解决的话，不妨换一种思维方式，从另一个方向想办法。不要在公司有困难的时候，只想着个人的私利。公司有困难大家要一起面对，只有大家共同努力才能渡过难关，公司发展了对每一个员工都有好处，如果在公司最困难的时候落井下石的员工不管走到哪里都不会有什么大作为。

场外音：

意见太多的人往往会让别人感觉厌烦，尤其是在一些企业领导面前，由于他们事务繁忙，往往不愿意听到别人的抱怨，如果是聪明的人，就不会在领导面前牢骚满腹，而是想其他方法来给领导提意见，采取一种容易让人接受的方式来实现自己的目的。

别人在困难之中的时候要伸出自己的援助之手，做人要学会以德报怨，不要落井下石。如果你肯雪中送炭的话，那么就将会收到意想不到的回报。

捐出家当的驴

驴子小高在一家不错的私企上班，工资待遇各方面都还不错。这个企业有好几百名员工，由于工资不菲，因此员工们的日子过得也是有滋有味的。

这家企业的老板是个有胆有识的年轻人。他年纪虽然不大，但是能力却不一般，年纪轻轻就把企业规模搞得很大，并且企业的效益也非常好。但是这个老板为人比较苛刻，对员工要求特严格，迟到早退要扣工资，病假事假一律按旷工处理，这引起了很多员工的不满。他们都说老板抠门，一点也不人性化，但是没有人敢当面说出来。

然而天有不测风云，金融海啸也波及这家企业。企业的业务量随之下降，资金周转不灵，公司的正常经营也遇到了困难，公司将要倒闭的消息在员工中间传开了，搞得员工们也是惶惶不可终日，工作效率就不用说了。

由于资金短缺，公司无法购买原材料了，贷款又迟迟拿不到。这样下去就只有停产了。老板着急坏了，眼看着自己苦心经营多年的企业即将面临倒闭的危险，他坐立不安，苦思冥想解救方法。

指不上别人救，就只有自己救自己了。老板当机立断决定靠大家的力量来挽救濒临倒闭的公司，事后再给大家一定的补偿。经过企业领导的进一步研究，找到了一个解决燃眉之急的办法：一是在接下来的几个月内企业所有人的工资只发三分之一，其他的三分之二用来作公司的周转资金，等公司渡过难关，工资按原来的两倍补发；二是所有员工都要持有公司的股票，公司渡过难关以后，除了股息以外，再给大家一定的红利。为了让员工的利益有所保障，公司愿意以合同的形式和员工签定协议。

此决定一出，本来有点不满的员工更是气愤，他们不愿意自己的利益受损，最终决定辞职；有的员工是举棋不定，他们对企业渡过这次难关信心不大，没有明确的态度，只是在观望。因为谁也不知道企业的明天会怎样。有谁敢把赌注全部压在一个将要倒闭的企业上呢?因此响应公司号召的驴子寥寥无几。而这时候有一头驴子的想法与众不同，他决定倾其所有救公司于危难之中，他正准备捐出自己所有财产给公司用作周转资金。

这是第二次开动员大会，员工们还是无精打采的，从老板焦虑的神色上可以看出没有多大进展。会议进行了一个多小时，无论领导怎么动员下面还是没有动静。

大会进入了僵持阶段，领导们都一筹莫展。这时驴子小高站了起来，走到话筒旁宣读了自己的决定：我愿意签这个协议，并且还借给企业十万块钱。小高是第一个站出来支持企业决定的人。在接下来的讲话中，小高说："我们应该感谢企业，是企业给了我们饭吃，在企业面临困难的时候，我们不能坐视不管，企业的今天有我们在座各位的努力，难道我们就能眼睁睁地看着自己的努力化为泡影吗？希望我们大家团结起来战胜这次危机，共同渡过这个难关！"驴子小高的话鼓舞了一部分同事，他们纷纷响应公司的号召了。

在接下来的几天里，驴子小高试着去动员其他员工。支持的人越来越多，但是，也有人说："驴子小高是傻帽，把自己的家当都压在公司里，公司一旦宣布破产，拿什么来偿还债务啊！"不过毕竟支持的人多一些，后来公司依靠大家的支持逐渐走出了困境。驴子小高也顺理成章地成为了公司的领导人之一。

管理智慧：

企业一定要有激励机制，采用适合本企业背景和特色的方式，创建优秀的企业文化，制定出相应的激励制度，包括物质激励、岗位激励、参与激励及其他荣誉激励等。这样综合运用不同种类的激励方式，就一定可以激发出员工的积极性和创造性，使企业得到进一步的发展。

并且管理是科学，更是一门艺术，人力资源管理是管人的艺术，无论什么样的企业要发展都离不开人的创造力和积极性。一定要优秀的企业文化及相应的激励措施，这样可以充分调动起员工的积极性和主人翁感觉，在员工追求工作业绩的同时也增加员工对企业的认同感、归属感。这样不仅能保证企业在商海沉浮中立于不败之地，也能在企业遭遇困境时，广大员工心系企业，群策群力，渡过难关。

员工心得：

中国有句俗语“人情如一把锯，你不来，我不往。”细品一下，在商场及职场中许多时候也是如此。尽力真诚地帮助别人——包括你的同事、上司，相信你的付出肯定会有收获。

中国还有句俗话叫“小赢靠智，大赢靠德”，公司面临困境的时候，如果你能全力以赴地为公司解决困难，那么再精明、谨慎的上司或者雇主都不会拒绝工作优秀并且能与企业同荣辱共甘苦的员工的。

场外音：

公报私仇向来是受鄙视的行为，为人要光明磊落，不能在别人困难的时候，才去计较别人以前的过错，这种行为无异于落井下石，是被人们所不齿的。职场中也是这样，平日里在公司有什么不满的地方，可以直接提出来，如果等到公司遇到困难的时候才一并提出来，这时候不但解决不了什么问题，而且会给公司添乱。人在职场一天，就该有当一天和尚撞一天钟的精神，不能公司还没被别的人或事击垮，就首先被自己的员工毁掉了。

另类思维

在这个大城市里有一个驴向往的企业，这个企业不仅办公设施先进，而且工资待遇也是数一数二的，能在这个公司上班也变成了一种身份的象征。但是，奇怪的是这里的员工并不是这个城市里数一数二的驴才，甚至可以说根本就没有什么过人的本领。

公司如此优越的待遇让很多驴都来这里应聘，更加奇怪的是很多驴都是上了一段时间班之后就自动辞职了。这让很多找不到类似单位的驴子不理解，那么优越的条件为什么还要辞职呢？那些辞职的驴子的亲朋们，也带着抱怨的口气问他们，这么好的单位为什么就不好好在那干呢？面对众人的质问，那些辞职的驴子只能摇摇头，保持沉默。内心的苦楚只有在那里待过的驴才知道！

还有一件让驴子们感到奇怪的事情，就是有一对父子，他们都在这个公司上班，身边的同事换了一批又一批，他们却始终没有辞职。认识他们的驴子都说，那对父子也没有多大的本领，办事能力甚至赶不上一般的驴子，然而他们却能在那个单位里待下去，这让驴子们不能不感到疑惑，私下里都以为他们有什么能够留下来的秘密。

他们有一个亲戚也想去那个公司上班，很顺利地应聘上了，过几天就要正式上岗了，他想在那个公司一直干下去，于是去找那对父子讨教点如何能在公司站住脚跟的经验，也顺便解开驴子们的疑惑。

这个亲戚先找到了老驴，说明了自己此次前来的目的。老驴听了他的话，脸上露出了惬意的微笑。老驴把自己和儿子在公司里的经历告诉了亲戚。

刚开始进公司时，父子俩和其他驴一样充满了兴奋与好奇。第一天，主管在介绍公司各项注意事项时，宣读了公司关于员工违反各项规定的惩罚措施，驴们听后都唉声叹气地摇摇头，露出一脸的迷茫。

先前的兴奋一扫而光。有的员工当即就嘟囔起来："要求如此严格还是驴待的地方吗？"

以后的日子里证实了公司管理的严格，因为那一些近乎苛刻的规定让驴子们有点喘不过气来。又过了没多久，就有员工主动辞职了，因为他们受不了这么严格的管理！这时候小驴也开始抱怨公司要求的苛刻，并跟父亲说自己打算辞职。他还说："公司严得让人无法接受，根本没有点自由支配的时间，难道爸爸没感觉到吗？咱们也赶快辞职吧！"老驴又像往常一样点起了一根烟，眼睛不断地闪动着，好像在思考什么，他过了一会儿把自己的想法告诉了儿子，他说你只是看见了这个公司苛刻的要求，可你从来没有想过我们怎么能在这个公司里有这么好的发展。其实我们应该感谢那些苛刻的要求，是那些苛刻的要求给了我们饭碗。儿子很是不解，这些要求使我们透不过气来，一点不比其他公司轻松，这时父亲的一句话说破了驴子们都想知道的，他们为什么能长留在那个公司里的秘密。他说正是这些苛刻的要求挡住了和他们水平相当的驴子，因为那些驴子受不了这种苛刻的要求，所以，没有留下来和他们竞争。正是他们能够承受得住这种煎熬，才使他们得以脱颖而出，在这个公司站稳脚跟。儿子听了父亲的话后觉得很对，在没有什么特殊本领的情况下就要踏实地工作。

从此之后，父子俩更加任劳任怨地工作，再也不抱怨公司要求严格了。

管理智慧：

家有家规，行有行规，每个企业都有自己约定俗成的制度，或者是一些不成文的规定，有约束是对的，无论做什么事情没有约束就不可能成功，但是制度要符合实际情况，一旦脱离了实际就会达不到预期的效果。故事中企业制度太严格，可能会把一部分本来很有能力的人挡在门外，而一些忍耐力比较强的人留了下来，但是，企业的发展需要各式各样的人才，只是勤奋踏实能干有时候是解决不了问题的。

因此，制度太严未必是一件好事，制度只要能够保障企业的正常运行就行了。

员工心得：

每种人都能找到发挥自己长处的地方，如果你自觉技不如人的话，那么就笨鸟先飞，付出比别人更多的努力，也不失为一种良策。也许有的地方智者无法生存，而愚者却能够过得很好。当别人都抱怨的时候，你从另一个角度去考虑一下问题，也许就会觉得这种抱怨没有必要。

枪打出头鸟，只要你踏踏实实，领导指到哪里你就干到哪里，不做任何违背公司制度的事情，那么公司的制度就不会对你有什么作用，因为公司里的制度就像生活中的法律一样，只要你不触犯它，它对你来说就不存在。

场外音：

踏踏实实做事，老老实实为人，是什么时候都改变不了的真理，无论你到什么地方，只要本着这个原则做事，那么你就不会被判出局。

当你无法改变什么的时候，不如学着去适应，凡事都有利有弊，看事情要全面，当你无法改变弊的一面的时候，就不要老是抓住它不放，不如学会去欣赏它利的一面。忽视缺点也是一种学问，如果你有这种修养的话，那么你就会感觉快乐得多。

驴子的主意

一天，驴老板接到一桩业务，要把货物千里迢迢运送到另一个地方，任务相当繁重，又必须在相当短的时间内完成。而且这笔交易对他来说非常重要，可手下就有十几头驴。按照平常的速度是不可能完成任务的。如果再雇佣别的驴来帮忙，那么运输成本就会太高了。可是自己的驴儿平常干的活也不轻，要再提高速度，恐怕他们很难吃得消。因此驴老板很是郁闷，坐在那儿闷闷不乐地吸烟。

有一头细心的驴儿发现了老板好像有心思，于是主动上前去问老板。在交谈中他得知老板的难处，他思考了一会儿之后，跟老板在那窃窃私语了几句就悄悄地离开了。

这天早晨，老板起得很早并亲自为驴儿们配食。开饭时，老板给驴儿们一一盛好，还亲自倒在每个驴的槽里。平常驴儿们的饭食都是几斤青草，虽然都是一样的食物，可他们还是会偶尔抬起头来瞧瞧其他伙伴吃什么，是不是比自己吃得好。驴子们像往常一样吃起草来，老板边看驴子吃草，边把他遇到的困难给驴子们说了一遍，并且还说，他相信他最信任的驴子会帮他渡过难关的。

一头白驴吃了几口，忽然感觉有点硬，仔细一看原来是几根胡萝卜。这时他心里有点激动，原来老板最信任自己了，要不怎么会偷偷地给自己放胡萝卜呢！于是，他低下头认真地吃起来，没有和往常一样东张西望看看周围伙伴的饭食，因为他怕一抬头别人就看见了他的食物。这顿饭白驴吃得特别香，其他的驴儿也都在那低着头吃得很认真，老板在远处看着他们的吃相，脸上露出了笑容。白驴边吃边想，老板看得起我，今天要多出点力才能对得起老板对我的关照。于是开始干活的时候，他把货装得满满的，而且一路上也没有好好地休息，速度比往常还要快。其他的驴儿也都像他一样很卖力地干活，虽然很累却没有抱怨。

到了晚上他们准时到达了目的地，圆满地完成了任务，晚饭还是老板亲自为他们准备好，和早饭一模一样。驴儿们很是纳闷为什么今天大伙都干得那么起劲？大家你看看我我看看你，往伙伴槽里一看，原来和自己的一样。这时大伙才恍然大悟，难怪吃早饭时，大家都不声不响闷笃笃地吃得那么香……

管理智慧：

如果老板把一碗红烧肉放在桌上，让大家来吃，大家就不会感激老板。如果老板只是请你一个人私下享用，那么你就会对他感激涕零。在驴子的青草中藏胡萝卜的老板就是利用了这个道理，他调动了所有驴子的积极性，值得每一个管理者学习。

每个管理者都应该有自己的“谋士”，在遇到困难的时候，及时跟他商量一下对策，如果仅靠自己的力量，你可能无计可施。

员工心得：

在平常的工作中如果遇到了困难不要气馁，天无绝人之路，只要学会从另一个角度看待问题，没什么解决不了的事情。这就是人们常说的过山可能没有必要非要经过山顶爬过去！

同样的事情只要你能够翻出新意，为自己所用，那么你就是智者。遇到困难的时候勇往直前总比坐以待毙要高明得多。成功并没有什么秘诀，就是要行动中尝试、改变、再尝试，直到成功。

场外音：

人生当中有很多事情其实可以轻而易举地实现，只是你没有去认真想一想实现它的办法 。遇到困难的时候，不要先想到害怕，只要你不把它当成困难，多角度去想一下解决的方法，那么困难在你面前也成不了困难。因此，人要学会灵活处事，有的事情正面解决不了，你大可退回到它的另一面，不要钻牛角尖。

善于发现别人的不快，并且能够设身处地为他人出主意想办法的人，是值得信赖的人，因此，如果企业当中有这样的员工，一定要重用他，有了这样的人存在，老板就会少了很多烦心事。

态度决定驴生

公司 A 在这个地区是个比较大的公司，不光拥有上千名员工，并且开展的业务也很广泛。

这个公司不仅员工工作勤奋，老总也很勤恳，经常熬夜工作，于是公司的驴事部经理决定招聘个助理来协助总经理工作。招聘信息已发出，前来应聘的驴子很多，经过几轮考核之后，留下了小李和小张，因为他俩的成绩不相上下，并且公司的业务很多，当前的发展势头又好，一名助理也忙不过来。

在接下来的工作中，小李和小张都准时上下班，工作也很勤奋，分内的事情都积极地去做，有了他俩的协助，老总显然轻松了很多。他们没事的时候也经常在一块聊聊工作和生活的事，两头驴子渐渐成为了好朋友。

一天老板让小李打印一份文件，文件中的一句话打动了他："你唯一的限制就是你自己脑海中设立的那个限制。"小李对这句话深有感触。从那以后小李工作比以前更加认真了，上班总比别的驴早来十分钟，下班不仅回去晚，而且有时还把工作带到家里做。平常有些老板没来得及做的事他也帮着去做，比如替老板给客户回回信什么的，虽然这些额外的工作并没有给他带来额外的收入。但是他还是默默地干着，其他同事都说小李很傻，干嘛去管那些不属于自己职责范围内的事情，又没人给他加工资，有时间还不如歇歇，享受一下美好的生活。

一天，小张还和往常一样和小李聊起天来，小张说你干嘛那么卖命，又不是你自己的公司，况且工作多干了又不加工资，也没人感激你，没事还是早点下班休息好，只要做好自己分内的事情就行了，小李笑笑没有回答。小李还是和以前那样卖力得干，渐渐地同事们也不再议论他，好像驴们开始习惯了他这种"傻"了。

公司规模果真如先前所料，继续扩大，虽然已经有两个助理，可老总还是有点应付不过来。有些文件比较紧急需要马上回复，刚好那次老总需要去外地约见客户，不能及时回复。小张怕回复不合适而承担什么责任，再说也不在自己的工作范围内，就没去理它。小李看到了文件之后，毫不犹豫地做出了回复。结果，由于小李回复得及时，减少了老板一笔很大的损失，老板虽然没说什么，但是已经开始注意他了。

在接下来的日子里小李的工作做得都非常出色，他的成绩让老板很满意。当初的努力也没有白费，小李自然而然得到了提升，老板也越来越器重他，而小张还是在原来的岗位上。

在一次公司全体员工工作交流会上，有些新员工问小李工作出色的诀窍。小李说出了当年改变自己的那句话："你唯一的限制就是你自己脑海中设立的那个限制。"他还说："人生就像爬桅杆，只要有需要就要爬上去，我们不能让自己的思想限制了自己，任何付出都不是为了别人，忙碌是为了寻找自己的桅杆"。

管理智慧：

无论做什么事情态度很重要，只有端正了态度才能把事情做好，在企业当中也是这样，只有那些态度端正的人，才会把企业的事情当成自己的事情来干，无论何时何地都会为企业的利益着想。因此，一个企业要想立于不败之地，首先要有肯为企业付出的员工。

事无大小，只要一个员工肯做自己职责范围外的事情，这就说明他把企业已经当成自己的了，管理者就要重用这部分人，因为，他们可以在你不在的时候，一样把企业的事情给处理好，让你少受损失。

员工心得：

无论从事什么职业，只有把工作当成自己的事情来做，才能把工作做好。只要自己能做的事情，就不要计较是不是该自己做，如果坐视损害公司利益的事情发生，即使不是自己的职责，那也不是一个合格的员工应该做的事情。

做事不要太计较回报，即使不是自己分内的事情，只要你做了，早晚也会得到回报的。只要你坚持做好每一件事，你就会发现，你所有的付出都不是为了别人。

场外音：

做同样一件事，有的人能够成功，而有的人却不行，这主要是人的做事态度的问题，有什么样的态度就会有什么样的人生。当你把一些事情当成自己的事情一样对待的时候，说不定那些事情最后就会成为你自己的事情，然而，当你永远不把一些事情成自己的事来做的时候，你永远也不会做好那些事情，那么还会有谁把那些事交给你来做呢？

所谓吃亏是福，工作中不应该计较付出的多少，付出了就会有回报，即使你并没有想得到这些回报。而如果你不付出的话，就不可能得到回报。

另类成功

很久很久以前，A 市的驴子听说 B 市好找工作，都纷纷踏上了赶往 B 市的“征途”。

A 市和 B 市隔江相望。那时候还没有任何渡江的工具，把 B 市好找工作的信息带回了的驴子是找到了江水的源头，并且带回来了很多银子。

这头驴子去过 B 市，并且挣了大钱的消息不胫而走，A 市所有想找工作的驴子都想到 B 市一展抱负。于是，他们成群结队地出发了。想要去 B 市就要找到江水的源头，这不是一件容易的事情，不仅需要几个月的行程，而且沿途没有一户人家，这就要带够几个月的干粮，风餐露宿的辛苦自不用说。

驴子小王也和大家一起踏上了赶往 B 市的路。他们来到了江边，沿着江边的小路前行。起初的几天，大家都很兴奋，走起路来也很带劲，似乎到达目的地并没有当初想象得难。但是，半个月过去了，大家的劲头就不如前几天了，有的驴子的鞋子都磨破了，大家走走停停，速度慢了很多。

又十天过去了，有的驴子的鞋子破得不能穿了，有几头有心计的驴子带了更换的鞋子，而没有带备用鞋子的驴子只好赤脚前行。没过几天，赤脚的驴子受不了了，他们跟不上队伍了，决定返回 A 市，因为到 B 市的路要比回 A 市的路还要长。其中一头干粮和鞋子都不缺的驴子也决定返回 A 市，大家都劝他不要半途而废，他说回去另想办法通往 B 市。他和那些跟不上队伍的驴子返回以后，大家都说他是头懒驴怕受苦，将来成不了大器。

那些驴子继续前进，“懒驴”和掉队的驴子一起回到了 A 市。回来后的驴子因为没去成 B 市，浪费了时间和金钱，都更加努力地工作，想挽回一些损失。而“懒驴”却成了名副其实的懒驴，他每天到江边，对着江水发呆。

一天，懒驴和往常一样坐在江边，他发现一片树叶掉进了江里，然后飘向了远方，他喜出望外，急忙跑回家去了。

过了几天，“懒驴”带来了一个竹筏。他把它放到水中，自己坐在上面，不停地荡起双桨。竹筏带着他朝他想去的各个方向游动，他非常满意，回家后又改进了一下竹筏，造出了一艘大船。

“懒驴”重回江边，见到有成群结队的驴子要去B市，他就用自己的船渡他们过江，并且约好了驴子们回来的时候要给“懒驴”一些钱。驴子们一看不但能节省很多时间，而且还能免除途中的辛苦，都非常乐意地接受了。

就这样，“懒驴”把一批批想去B市发财的驴子送到了B市。他往返于AB两市之间，不到一年的时间就收到了很多钱。后来，“懒驴”开起了船厂，把A市的特产运到B市，又把B市的货物带回A市，从中挣了不少的钱。仅仅几年的时间，“懒驴”就成为远近闻名的富翁。那些当初赶去B市发财的驴子，干脆不再去B市，而是留在“懒驴”的船厂里给他打工。

管理智慧：

职场当中要善于避开热点，当别人都去追求某样东西的时候，即使它利润丰厚，那么多人去分享，也会变得利润很小，甚至是无利可赚，所以一个成功的企业家，要看到别人没有看到的东西，走到别人的前面，才能成功，跟风随流是不会有什么大作为的。

一个管理者只要胸怀远大的理想和奋斗目标，高调地去做事，就会有无穷无尽的力量，就不会被客观条件所束缚。他会创造条件主宰自己的命运，并且会把自己的员工带上更宽广的发展舞台。

员工心得：

人人都渴望成功，但是成功却并不能被每个人分享。故事告诉我们，取得成功最简单的办法就是避开竞争激烈的领域，积极抢占别人没有到达的领域。

一个人的潜力是无穷的，一旦定下心来，其爆发的潜能令人吃惊，而死钻牛角尖只会将自己推进死胡同。重新调整成功的目标，尽管是痛苦的，但走出了第一步，再走第二步就顺畅多了。改变思维后，我们会发现成功原来如此简单。

场外音：

大家都知道足球场中有抢“第二落点”之说。在一般情况下，“第一落点”是有九成胜算的进攻位置，只要得手，极易进球，但是，也由于对方球员防守严密，进攻者总是无功而返；而“第二落点”由于少人跟防，往往会轻易取得战绩。

足球场如此，追求成功的路上也是如此。大家都在蜂拥而上抢“第一落点”时，谁能及时调转方向，找到不起眼的“第二落点”，谁就能掌握时代的脉搏。

机遇是一辆开启的车

杰克和约翰是两位素不相识的英国驴。那一年夏天，他们不约而同地去了同一个磨坊上班。虽然那个磨坊主承诺的报酬很高，但是，那里的工作一点技术含量都没有。电磨已经被普遍应用了，而那里还是用石磨，驴子干的活，还是用黑布蒙上眼睛，不停地围着磨盘转悠。

杰克给老板提出把石磨更换成电磨，那样磨面的效率就会提高若干倍，但是老板以没有专家指导怎么使用电磨为由而拒绝了。虽然老板拒绝了杰克的请求，但是他并没有灰心。杰克私下里和约翰商量离开磨坊两星期，去杰克所知道的一个电磨使用培训班学习。

磨坊主把一个月的活交代给杰克和约翰后就离开了。杰克与培训班联系了一下，培训班派来一辆快车接他们去学习。因为参加培训的驴子特别多，培训班的车在每一个地点只停五分钟。杰克站在磨坊的门口等待车子的到来，约翰还在磨坊里忙活，因为他怕耽误了时间磨不完面粉。不一会儿培训班的车到了，杰克赶紧喊约翰上车，约翰说还有一点儿就完成当天的任务了，等一会就去。杰克说没有时间了，约翰还是坚持磨完当天的面粉再去。杰克自己上车了，他刚一上车，车就开动了。当约翰磨完面粉出来，车早就跑得无影无踪。约翰看着车远去，自言自语道，不去也好，万一学不成什么电磨使用方法，耽误了磨面，老板会生气的。

两周之后，杰克回来了，他说自己掌握了电磨的使用技术，不用老板请专家指导，就可以使用电磨了。老板和约翰都不大相信，老板抱着试试看的心态，买了一台二手的电磨。当电磨买回来以后，不一会儿杰克就安装好了。他开始使用电磨了，没想到电磨一小会儿功夫就比约翰一天磨的面还多。老板对此感到吃惊，他听说电磨效率高，真没想到会这样高，他觉得杰克真是一头天才的驴子。

有了电磨，约翰的工作就显得非常多余，因为磨坊里的小麦光电磨就不够磨的。因此，老板想到了一个新主意，电磨不仅给自己的磨坊磨面，还给附近农民磨面，从中收取一定的费用。约翰不用磨面了，就干起了搬运工，把粮食运进磨坊，再把面粉运出磨坊，因为他不会使用电磨，看磨的工作就由杰克来完成。

电磨的效率太高了，约翰不停地搬进搬出，有时候累得满头大汗，还是干不过来。他不断地加快速度干活，这样一天下来，约翰累得腰酸背疼，头晕眼花。而杰克的工作非常轻松，只要坐在椅子上看着电磨能够正常工作就行了。约翰非常后悔当初自己没有积极地跟杰克去学习电磨的使用技术。他说有时候机会就是一辆开启的车，你稍不在意就开走了，就再也找补不回来了。

管理智慧：

生产力的提高靠的是生产技术，一个企业一定要懂得利用先进的生产技术来提高生产力，那些拒绝利用先进生产技术的企业在无情的商海竞争当中，必然会被淘汰。企业要采用先进的技术，就要先做好人才的培养，否则先进的技术引进以后，员工不会利用那也不能创造出更高的生产力。

培养人才，可以靠企业内部的力量，让员工们互通有无，把单个员工的先进知识传授给其他员工。这样就等于把一个人的力量放大了无数倍。因此，企业要做好员工生产经验推广，不断提高所有员工的素质，企业才能有更大的发展。

员工心得：

职场中要重视新技术的力量，要善于学习新技术，工作才能更上一层楼。一个不热爱学习，不接受新知识的人，在工作中会被别人歧视，甚至会被公司淘汰。

在工作中有什么不懂的地方，如新技术自己还没有掌握的，一定要主动向别人请教，不要安于现状，要有上进心，无论用什么方法先学到自己需要的知识再说，因为知识可以转化为生产力，只有你为公司多做贡献，你才会被老板重用，才能在职场中崭露头角。

场外音：

人们往往哀叹机遇难得，而可遇不可求的机遇一旦降临到你的面前时，却常常因为你准备不足抑或疏忽大意，便与你擦肩而过，失之交臂。机遇是金固然可贵，但善于抓住机遇和利用机遇的能力更弥足珍贵。机遇是一辆开启的车，只要你迟到一步，它就会将你无情地撇下，这样也许你就再也无法抵达理想的彼岸。

人生是个不断学习的过程，只要不断地给自己充电，就能发挥自己更大的力量。一个不学习新知识的人，必然落后于这个时代。

第八章 骑驴还需找驴——你所不知道的职场跳槽内幕

大企业并不能为所有员工提供大的发展舞台，在找工作的时候，千万不能盲目地去看企业规模的大小，大的地方竞争也必然大，不一定有利于自己充分地发挥自己的才能。

企业在选人的时候更加注重员工的觉悟，一个有悟性，敢于迎难而上的员工才是企业的首选，选人不是看他眼下会做什么，而是看他以后能够做什么。

驴子大憨

农夫李大高中毕业，回家务农，他有点文化，不愿意像父辈们那样土里刨食，整天寻找发财的商机。

突然有一天，李大从互联网里发现了商机。他发现黄牛的价格波动非常大，养牛有时赚钱，有时赔钱。后来，他通过各方面的学习，弄明白了价格波动主要原因是各地的养牛户信息不灵通。牛养得少的时候，供不应求，就赚钱；反之，就赔钱。他想，要是能把各地养牛的信息放在互联网上该有多好，那样，养牛户就可以根据各地养牛多少的实际情况，来决定自己养牛的数量和规模。进而他想到可以自己运作这个网站，先让养牛户免费发布和查询信息，等攒足了人气，再开始收费。

李大有了这一想法之后，就用父亲留给自己的一点积蓄，招聘了两头刚刚毕业的驴学士大憨、小慧。李大把自己的想法告诉了他们以后，他俩都觉得老板的想法很先进，跟他干一定会很有前途。经过一段时间的筹备和研发，养牛信息平台上线了。最初访问的人很少，但经过他们一段时间的宣传和口碑相传，半年以后，网站的访问量迅速蹿升，李大他们三人非常高兴。但随着访问量的增加，网站的维护费用和安全投入逐步增加，李大父亲留下的那点积蓄很快就用光了。李大东拼西凑才勉强够维持网站的费用，这时候大憨和小慧的工资已经不能按原数发放了。李大给他们承诺，只要网站一赚钱，马上补发他们的工资，只要跟他好好干，以后赚多了还会有分红。小慧想，虽然网站热闹了，但是，自己的工作量也上去，况且网站还没有赚钱，老板的资金就耗尽了，这样下去老板支撑不住了，自己也会跟着吃大亏。大憨看到网站不赚钱，也很着急，但是他想老板已经保证了，以后再得到好处也行。又过了一段时间，网站的访问量虽然增加了不少，但是还是没有赚到钱，小慧和大憨的工资仅够维持基本生活了。小慧熬不住了，他私下里了解到，资金雄厚的张经理也制作了一个类似的网站，并且正在招聘像他这样的网站管理人员，于是，小慧跳槽走了。

小慧跳槽走了以后，大憨也有些魂不守舍了。李大连忙劝解大憨："小慧坚持不住就让他走吧，以后咱们俩发财，等网站赚了钱，我给你40%的股份。"大憨一听老板对自己这么好，就取消了跳槽的想法，一心一意地跟李大创业。

李大和大憨又坚持了半年时间，他们的养牛信息网已经在各地的农场非常有名气了，于是他们开始对查询信息的用户收费。但是，网站一收费查询信息的用户显然少了很多，虽然有了一点收入，但与投入相比，仍是杯水车薪，还是看不到盈利。这时候李大已经无力再维持网站了，他一边劝慰大憨坚持好好干，一边想办法。最后，李大决定把自己的网站转手卖给张经理。张经理在他自己的网站上投入了大笔的资金，虽然他的网站比李大的起步晚，但是知名度要比李大的高，饲料、兽药等厂商都在他的网站上发布广告，光广告费用就收入了不少。这时候，小慧已经是张经理的得力助手了，待遇也自然是不菲了。

李大把网站转手卖掉了，他的所得连债务都没有还清，更没有钱给大憨了。张经理接手了李大的网站需要一名网站管理人员，大憨就跟着进了张经理的公司，在自己原来同事小慧的手下，做一名普通员工，工资待遇比起在李大那里提高了不少，但是与小慧比还是相差甚远。

管理智慧：

一个创业者要对困难有充分的认识，要考虑到自己的实际情况，一切从实际出发才能做事不盲目，否则会浪费了人力物力，而达不到预期的目的。当创业过程中出现困难的时候，要积极地去想办法解决，要让自己的员工了解企业的处境，不能对他们隐瞒实情，那样不会得到员工的信任。

在现代人力资源管理理念中，关心、爱护企业员工是最起码的要求，但作为新经济企业的管理工作者仅有关心爱护是远远不够的，现代人力资源管理中越来越强调对企业员工的尊重。古人云“士为知己者死”，这充分体现了企业员工和管理者彼此尊重、相互信任的心理力量在工作中的效果是何其强大。企业的管理者必须要学会尊重企业中每一位员工的人格，尊重企业员工的工作，尊重企业员工的知情权。

在任何一个企业员工的需要是多种类、多层次的，如事业上的需要、生活上的需要、情感上的需要等。企业管理的一个重要任务就是想方设法满足员工的合理需要，做到关心每一个人、关注每一个人的价值和奉献，这样才不会让人才流失。

员工心得：

诚信是对的，但是往往有一些企业的管理者对员工不讲究诚信，他们为了挽留员工隐瞒企业的发展情况，甚至到破产的时候，有的员工还被埋在鼓里，企业的这种做法是不对的。但是，作为员工个人，要有一定的警惕性，当企业中出现反常的情况时，一定要搞清楚出现了什么状况。当大部分人员流失的时候，更要引起个人的重视，工作不要一棵树上吊死，当一个企业不值得再为他卖命的时候，就要及时地退出。

场外音：

跳槽属于人才流动，是当今社会很正常的一种现象，并不为奇，而且跳槽者屡屡能在新的团队里找到适合自己的位置，创造更佳的业绩。所以工作不要太执着，要充分考虑什么地方才是真正有利于自己发展的地方，所谓人往高处走，水往低处流，做人就要为自己的前途着想，能够发挥自己才能的地方才是真正值得自己效忠的地方。

驴子跳槽

驴子小周找了很多工作都没有找到合适的，最后迫于生计，他勉强到一家小公司上班。他安全度过了两个月的试用期，成了公司的正式员工。

签合同的时候，小周想先签了。他想这边工作还算对口，等找到更好的去处再换吧。但是签上名字的一瞬间他就后悔了，合同里明确规定，合同期3年，如违约将付违约金5 000元。自己本来想把这里当成一个暂时的落脚地，怎么能在这个小地方待上3年呢？

晚上回到宿舍，小周没有开灯，他躺在床上想应对的办法。忽然，他计上心来。他高兴地打开灯，一个人哼起歌来了。

小周在一步步实施自己的计划，先是在新员工入职的欢迎会上，小周故意迟到了，他想先给领导留个不好的印象。然后再不断寻找犯错误的时机，这样的话公司自然会先把他给开除了，至于赔偿金也就不用付了。小周得意于自己的算盘，兴高采烈地来到会议室。迎新会无非是些老套的内容，领导说些欢迎鼓励的话，员工们再表表自己的决心。轮到小周了，他故意清了清嗓子大声说："我觉得今天的会很务虚，每个人都捡好的说，那我就说点实在的，说说我个人的意见。我们这里的，工资待遇一般不说，还几个人挤一间宿舍，这样的环境怎么能留住人呢？"会场顿时安静下来，大家都为小周提心吊胆，要知道，刚工作就提要求、讲条件，这可是犯了大忌呀。经理终于坐不住了，尴尬地笑了两声，解释说自己并不知情，并表态一定会责成后勤部门改善条件，后来又问："这位新同事，你叫什么名字？"小周正等着他这么问呢，他爽快地说出了自己的姓名和所在部门。

没想到，这时候经理把小周叫去赞扬了一番："你这小子还真有胆量，我喜欢。有才华的人才会有傲气"，最后经理拍了拍小周的肩膀“小伙子，好好干，会有前途的”。

半个月后，小周分了个单间，他有点惭愧，也有点感动。经过这些天的观察，小周觉得其实这个公司也不错，领导关心下属，也给每个人发挥才干的空间，但是他还是认为大公司才是他的归属地。就在这时，他得知另一个城市里的一家大型的电子公司正在招聘。小周想那么大的公司待遇一定不错，如果应聘成功了，5000 块的违约金又算什么呢！

小周在前去面试的路上给主管打电话，说是自己病了，得了急性肠胃炎，需要请几天假。主管没说什么，只是要他好好休息，等养好了病再去上班。小周到了那个城市，安顿好了之后，就接到了主管的电话，他问小周的病情怎么样，需不需要人照顾，小周说：“没什么，休息几天就好了”。第二天，小周兴高采烈地去参加了面试，面试非常顺利，人家让他回去等结果。小周有一种预感，他觉得自己这次一定能行，所以，干脆就留在那个城市等结果。其间，主管和经理都打电话来询问病情，问他什么时候能上班，小周谎称：“医生说，等等看恢复的情况”。

结果出来了，果然是喜讯。小周迫不及待地要去上班，电子公司却告诉他：“我们要到南方开拓市场，你就去给我们的宣传人员做助理吧。”有些出乎意料，小周问具体做什么啊？对方回答：“工作很简单的，也就是打印一些材料什么的。”小周终于明白了，原来是去当打字员呀！他忿忿而去。

小周风尘仆仆地回到了公司，经理见了他只是简单地问了几句就走了。这时候有同事对他说：“你病了一直拒绝大家的探望，其实经理早就猜到你干什么去了，你也不找个让人信服的理由。”小周想随他吧，反正自己也不想再这里长待，还找什么让人信服的理由干什么。

又过了几天，小周得知本市一家公司招聘，他连招呼也没打就去应聘了。结果那个公司也很不尽如人意。

晚上小周一路风尘，回到公司已是深夜，他看到每间办公室都灯火通明，领导、同事都在日以继夜地忙碌着，这种创业者的朝气与勤奋令他心头一震，他忽然为自己的置身事外感到惭愧。一阵寒风吹来，他感到了从未有过的清醒，一股热血在他体内沸腾，他不能再无谓地消耗青春，他要从沉沦中挣脱出来，加入这支充满活力的队伍，以创业者的身份迎接美好的明天。

第二天，小周一进办公室就接到了人事部的电话："你来一下吧，你既然不愿意工作，现在就把工资给你结了，不用付违约金，你过来领工资吧。"小周拖着沉沉的行李包，离开了公司，他觉得自己的步子非常沉重。

管理智慧：

一个企业要有流动一批人的意识。流动一批人是指对不是骨干岗位，操作技能不复杂的员工，采取不签长期合同的办法，不断地调整人员。通过"流动"给他们施加压力，让他们树立不进则退的观念；用"流动"来给他们创造机会，发现自己的长处，找到适合自己的工作岗位，从而安心工作。当然企业亦可以从人员流动的过程中，及时发现每个人的长处，拓展用人视野。并且企业通过流动及早地辞掉那些工作不踏实的员工。

员工心得：

进入一个新公司，过了"蜜月期"后，各种问题就会一一暴露，或是与上司不和，或是环境不如意，或是低于自己的期望值，这些落差会让人产生离开的念头，觉得选择这样的公司是自己做错了决定，并想尽快跳槽。但是，新公司虽然没有自己预期的那样美好，可是毕竟提供了一个更高的施展平台，坚持三个月后再做决定也不迟，那样，你会对公司有一个更加全面的了解，到时候再去决定是走还是留，才不至于做出让自己后悔的决定，一旦匆忙跳槽，会后悔莫及的。

场外音：

如果新公司确实很糟糕，不符合自己进一步发展的需求，也大可不必惊慌，完全可以跳槽。不过跳槽不能犯盲目的错误，至少有两点值得注意：第一，别过分重视职位与薪水。第二，别脱离自己擅长的领域。

好马也吃回头草，一旦发现自己挑错了槽，再回到原来的公司也是可以选择的。自己毕竟曾是公司一名员工，具有丰富的行业经验，只要诚恳地与原来的老板沟通，还是有希望回到原公司的。千万不可为了面子，自毁前程。即使不能回到从前，跳错槽后也不要懊悔，要有足够的耐心等待机遇的来临，同时要吸取自己鲁莽跳槽的教训，尽快走出短暂的职业低谷。

从大公司跳到小工厂

白领驴是学管理专业的，现在是一家台资企业的全权管理者。他现在事业这么成功，源于他当年那次成功的跳槽。

白领驴是北方某名牌大学的毕业生，他刚毕业那会儿，找工作都是到一些规模比较大的公司去找，因为他觉得小公司没有什么发展前途。由于白领驴毕业学校不错，再加上他踏实肯干，很快就被一家大公司录用了。

这家公司不仅规模较大，而且员工个个是名校毕业的高才生。白领驴明白在这家大公司里，自己根本没有优越性可言，因为这里的每个驴子都很优秀，要想在这里干出一番事业，就要更加努力地付出。白领驴从踏进公司的第一天起就没有懈怠过，他勤勤恳恳地工作，认认真真地跟老员工学习。果然，功夫不负有心人，一年之后他成为了那家大公司众多部门主管中的一个。

身为主管，白领驴对工作更不敢怠慢了，他全心全意地管理自己所在的部门。他早起晚睡地操劳，但是没有受到公司领导的重视，因为在这个公司里像他这样的主管比比皆是，因此，白领驴要想升职真是难上加难。但是，他没有放弃，因为他的理想是做公司上层的领导者，因为，他不但在大学里掌握了扎实的管理知识，而且他也一直认为自己有这方面的才能。于是，白领驴工作更加努力，虽然没有立下什么汗马功劳，但也把他管理的部门治理得井井有条。又是一年过去了，白领驴还是坐在部门主管的位子上，因为在那样的大公司，像他这样努力的驴子还真不少。

白领驴见自己在那个大公司里得不到重用，自己的报负一时难以施展，于是就决定跳槽。让人意外的是，别人跳槽都选择条件比原来单位好的地方，而白领驴却离开那个大公司去了一个小工厂。这是一家台资企业，是个只有100多人的小工厂。老板一般都在台湾办公，每周最多在厂里待两天。

白领驴刚到那个小厂的时候，厂内的管理、规章制度都还没有健全，管理方面也非常混乱。有些员工根本不遵守厂里的规章制度，因为老板时常不在，他们就互相掩护，经常迟到早退，有时候还利用上班的时间干私事。白领驴进了工厂后，并没有立刻改革，而是花了一个月的时间，把厂子内部存在的弊端摸得一清二楚，然后才大刀阔斧地开始改革，他先是调整了厂里的人员，把那些人浮于事、只拿钱不干活的部门领班统统劝退，然后再招聘精兵强将做自己的得力助手。

接着，他又研制了一套符合厂里实际情况的厂规厂纪、品质目标等，实施以后收到了立竿见影的效果。老板对此非常满意，随后把整个厂都交给白领驴来管理，并委以高薪，他自己安心在台发展，只是定期到厂里检查。

如今，白领驴已是该厂的管理代表了。

管理智慧：

传统人力资源管理工作中以工作任务为核心的刚性管理模式越来越不适应当今组织快速发展的需要。

柔性人力资源管理模式的提出迎合了这一需要。它强调“以人为本”、以人的个性化管理为核心。对人力资源的管理随时间、外部环境变化而变化。企业对人才的判断是看其是否具有胜任工作的能力，并且要充分重视有能力的人才，不要忽视人才的存在，最后导致人才的流失。当然，这并不是说不重视员工的任务量，在构建人力资源柔性化管理模式的过程中，并不是对刚性管理的全盘否定，而是在刚性管理的基础上对管理思想和方法的完善。只有坚持“以人为本”的柔性管理和“以规章制度为本”的刚性管理互为补充、刚柔相济，才能真正做到一切以人为出发点，促进企业的和谐健康发展。

员工心得：

大企业并不能为所有员工提供大的发展舞台，在找工作的时候，千万不能盲目地去看企业规模的大小，大的地方竞争也必然大，不一定有利于充分地发挥自己的才能。如果感觉一个企业不是自己发展的最好地方，就要适时地退出，到那些更能让自己充分展示自己的地方去，不要计较它的规模。往往一个发展中的企业，才是人才成长的最佳环境。

只要在工作中肯踏实付出，即使在一个不知名的企业中，你一样能找到自己的位置。因此选择工作的时候，更多地要看领导是否知人善用。所以，白领跳槽时千万不可盲目，应该确认理想、认准目标，往自己的特长和专业方面发展。

场外音：

人往高处走，要判断清楚这个高处的真实情况，不能只看到表面现象，一些东西往往是看似庞大的外表下面，掩盖的是表里不一的真实，如果在这些所谓的大地方找不到自己合适位置的话，往低处流一下也不是不可以的。只要找到一个让自己过得更舒心的地方，能让自己淋漓尽致地发挥才能，那就是一个高处。因此，在跳槽的时候不妨先做一回自己的伯乐，先判定自己是什么样的人才，然后往有利于自己发展的地方去。

跳槽需要智慧

驴子小顺是一名厨师，刚找工作的那会儿，由于缺少工作经验，一般的大酒店都不愿意要。小顺想酒店不要就看看其他的餐馆吧，闲在家里更是不能积累工作经验，于是他到一家大排档去应聘了。

小顺非常顺利地通过了大排档的面试、复试，就到那里去上班了。但是大排档毕竟比不上大酒店，那里的工资很低，工作时间也长，工作强度又很大，小顺想自己是一流厨师的水平，绝对不能长期窝在这个小地方，一定要跳到大酒店去一展自己大厨的风采。

在大排档工作了半年后，小顺看到一家大酒店招聘，就决定去试一试。应聘前，小顺做好了充分的准备，他先是向同行好友打听了大酒店厨师的基本要求，然后对自己的简历做了一下包装，就满怀信心地去了。那个酒店要招聘两名厨师，但是前去应聘的驴子有一百多头，其中不乏高级和特级厨师。小顺到了那里一看应聘的驴子那么多，信心顿时全无了。他想既然来了就碰碰运气吧，大不了再回大排档，一切都无所谓，小顺倒也一点儿也不紧张了。

那个酒店负责招聘的人是大厨，小顺不慌不忙地把简历交给了他，就坐到一旁去等他看简历，小顺发现大厨边看边点头，这时候他更不紧张了。大厨看完简历之后把小顺叫进一间会议室，他让小顺坐下详谈。其实就是大厨问了小顺一些专业问题，小顺都对答如流。大厨听了小顺的回答后当场决定让小顺参加厨艺展示。

小顺听说厨艺展示的是包日本水饺，但是他不会做日本水饺。想要离开，又转念一想，既然是水饺，就会和中国水饺有相似的地方。他硬着头皮参加了厨艺展示。小顺压根儿就没见过日本水饺，但是他还是煞有介事地装成会做的样子。最后他把中式饺子改个样子，就说日本水饺做好了，让大厨过目，大厨二话没说就录用了小顺。

小顺到酒店上班以后，大厨对他非常照顾，还经常在经理面前表扬他，后来和大厨混熟了，小顺就问他为什么会录取自己，大厨一本正经地说："你是那天唯一说会包日本饺子的。"小顺听了呵呵笑："其实我也不会包日本水饺，只是觉得有机会就要试一下，没想到还被你看中了。"大厨说："其实你不会做我早就知道了，重要的不是你会不会做，而是看你有没有这个勇气去做，我是看你勇气可嘉！"

管理智慧：

如何凝练企业的核心价值观？世界百强优秀企业的经验给了我们许多启示。从价值取向来说，它们都有一个共同点，即认为在企业生存和发展中，人的价值高于一切；在人的价值开发中，认为人的知识不如人的智力，人的智力不如人的素质，人的素质不如人的觉悟；在企业共同价值和个人价值的关系中，认为共同价值高于个人价值，"共同协作"的价值高于"独立单干"的价值，维护职工队伍稳定的价值高于赚钱的价值。由此可见，企业在选人的时候更加注重员工的觉悟，一个有悟性，敢于迎难而上的员工才是企业的首选，选人不是看他眼下会做什么，而是看他以后能够做什么。

员工心得：

世界上许多事看似不可能，但只要你有勇气，奇迹就可能发生。要大胆地去尝试，事情往往是试试就能行，挣挣就能赢，无论做什么都要给自己一个尝试的机会，即使失败了，也能够吸取一下失败的教训，如果不给自己尝试的机会，那成功更不可能出现。

一些看似不可逾越的困难往往走过去了才发现困难其实很简单，有时候成功不是靠自己的能力，而是靠自己的胆量。

场外音：

大智若愚，不仅可以将有为示无为，聪明装糊涂，而且可以若无其事，装着不置可否的样子，不表明态度，然后静待时机，把自己的过人之处一下子表现出来。有为的时候可以示无为，无的时候也可示为有，本来聪明装糊涂，也许就会弄拙成巧。

为了跨进那道准入门槛，偶尔来点“花招”是可以的，但要继续干下去，还是得靠真本事，如果自己一点能力也没有的话，浑水摸鱼也不会成为长远之计。

跳槽驴成老板

几年来跳槽驴在 10 多个公司工作过，他呆的时间最长的一个公司是他刚刚工作的时候去的那家公司。他在那里待了半年，其他公司都是呆了几个月就走了，他频繁地跳槽，被人们叫作“跳槽驴”。

跳槽驴最初求职的时候多次碰壁，最后委身到一家工作环境比较差的汽车修理厂，负责洗车工作。洗车虽然不是他最终的目的，但是他对这个工作非常认真，他也很用心地留意厂里的一切，在没有车洗的时候，他就主动去帮别人干活。半年之后他对汽车修理厂的运作有了全面的了解，他就跳槽到了一个生产汽车配件的工厂。

由于跳槽驴在汽车修理厂积累了很多工作经验，他只在车间里干了一个月就被提拔为车间管理人员了。他仅用了三个月就熟悉了工厂的管理工作。虽然作为管理人员工作比较清闲，而且待遇也比较好，但是跳槽驴并没有满足，他再次寻找跳槽的机会。

刚好，有一个电脑公司招聘电脑维修学徒工，跳槽驴就跳到了那里。即学徒工，做着打杂的工作，给电脑维修师找找递递工具，跑跑腿，但是跳槽驴很有心计，他一有空闲就仔细观察维修师维修的每一个细节，并且晚上休息的时候，他把白天学到的东西整理在笔记本上，节假日再拿出来细细研究。就这样两个月的时间，他就学会了电脑维修。由于勤奋钻研，他还学会了一套完整的电脑操作及电脑系统管理。当跳槽驴向电脑公司提出辞职的时候，电脑公司以重金挽留，被他谢绝了。

跳槽驴继续跳槽，他又到了几家公司，做过设计，做过工程师。当他把这些工作的要领都掌握以后，他决定去做一名普通的业务员。因为他感到自己在社交方面还很欠缺，觉得做业务员可以锻炼自己的口才，并且可以积累一些人脉资源。

跳槽驴无论做什么都很认真，并且善于总结工作经验。他很快就成为了一名出色的业务员，收入相当可观。但是，他的目的不是完全为了挣钱，他有更重要的使命，就是掌握各项工作要领，自己做自己的老板。

跳槽驴终于不跳槽了，他自己开起了机床加工公司，他的公司集机床生产、销售、维修于一体，生意相当红火，不到一年的时间就盈利近百万。现在跳槽驴已经成了该市知名的驴士，他的创业史被商人们当成奇迹不断传颂。

管理智慧：

有些员工太精于心计，把公司当成自己的跳板，一旦学会了工作技巧，掌握了工作经验就会跳到另一家公司。这样的员工不是为了挣工资而是为了挣经验才去上班的，因此企业应该全面了解人才就业的动机和需要，以便作出合理的取舍。把工作当跳板的员工在单位里表现得是异常的积极，对什么都感兴趣，什么技能都想掌握，什么部门的事情他都要去了解，企业中一旦发现这样的员工就要充分地重视，否则他一旦把企业里的所有东西都掌握了，将来可能会成为商场上的对手。对于这批人，管理者要有防范意识，企业中的一些带有技巧性的东西，不要轻易被普通员工学到。

企业要认识到激励因素的多样性，重视人际关系的培养，进行相互沟通和交流，对于表现优秀的员工应给予精神奖励，更加人性化地管理。

员工心得：

想要自己干出一番事业，在创业前就要做好各方面的准备，只有自己对工作的各个流程都熟悉，创业才有可能成功，否则千万不要轻易去做。

如果自己有能力的话，大可像故事中的驴子一样，到处去积累经验为自己所用。自己做自己的老板是每个员工都向往的事情，但是并不是每个人都有这方面的能力，如果你感觉自己没有这个天赋的话，就老老实实地工作吧，不要耍什么花招，以防自己做不成老板，反而丢了工作。

场外音：

职场当中盲目跳槽不可取，而有目的的跳槽是有必要的。这样，自己可以学到一些自己需要的经验，或者是让自己有更大的发展，但是感觉这种“蜻蜓点水”式的跳槽对很多人可能并不合适，职场人士还是应该谨慎对待得好。

也许有人采取了某种模式，然后成功了，但是这不是所有人都适合的模式，因此再向别人学习的时候，要学会区别对待，绝对不能盲从，那样不但会不能成功，反而会让自己受到损失。

驴子的跳槽经历

驴子在毕业前夕就找到了工作，在别人忙着找工作的时候，他就直接去上班了。那是一家远在千里之外的港资企业，做对外营销的生意。

驴子在那家港资企业里工作不到半年，就辞职了。因为那家公司的老板，不注重质量，不管产品质量好坏全部卖给客户。驴子几次劝说他都听不进去，还觉得驴子很多事，不按照公司的要求去做。

驴子在辞职前就已经确定了第二份工作，到另一家台资外贸公司，报酬也增长了不少，由原来的 8 个胡萝卜变成了 12 个。新公司的规模很大，仅雇佣来的驴子就有 1000 多头，每天轮流工作 8 个小时，把公司里的货物运到船上即可，工作比较轻松。1000 多头驴子三班倒，无论黑夜或白昼，公司里都是一派繁忙的景象。驴子在这里找到了归宿感，他觉得自己就该在这样的公司里发展，他开始憧憬着自己美好的未来。

在这个公司里，虽然同时工作的驴子有 300 多头，但是工作非常有秩序，监管也非常严格。这 300 多头驴子分成了很多组，每组最多 10 头驴子，每组又设立组长和副组长来监督和负责向上级报告工作。工作第一天，驴子就感觉到了公司监管的严格，有组长和副组长监视着，想要偷懒是不可能的，所以，活虽然不累，但是一天的工作也很紧张。

晚上，驴子在宿舍里和前辈们聊天，他们给了他很多告诫。他们说组长和副助长都是老板的亲戚朋友，或者是亲戚的亲戚，他们对成员监管得很紧，就是上厕所这样的小事也要向他们报告清楚，并且他们会做记录。不仅如此，管理组长的 3 个驴子还都是老板的儿子，他们不但每天都仔细查看工作记录，而且公司的大院子里还安了监控器，老板的儿子们值班的时候就坐在值班室大屏幕前，每个驴子的一举一动都看得清清楚楚，并且想要考察哪个驴子的工作情况，他们就会算好那个驴子每次运输的速度，如果几次低于驴子们的平均速度，就会受到罚款（从每月所发的胡萝卜中扣除），如果经常出现这样的情况还会劝退。

揣着前辈们的教导，驴子小心翼翼地工作着，每次运输都不敢怠慢。一天刚下班就碰到了负责监管他们的二老板（老板的二儿子），他满脸笑意地拍了拍驴子的肩膀说："好好干！"驴子明白了，二老板今天测试了他的速度，看来对他还比较满意，驴子暗暗松了一口气。

两个月过去了，驴子工作一直都很认真，忽然一天他感觉到自己的一只脚筋像短了一截似的，每走一步就疼一下，速度自然也就慢了下来。组长几次警告他，但是他一想要提速就疼得厉害。就这样一天下来，驴子少运了好几次，他当月的报酬也就少了很多。

这样不近人情的严格，驴子受不了了，他打算再次跳槽。

这次驴子来到一个农夫的小磨房，这里的待遇是每天 10 个胡萝卜，这虽然比不上第二份工作的待遇，但是，农夫不但对磨房里的驴子照顾非常周到，定时送茶水，而且只要能完成工作量，什么时候休息一下都可以。驴子觉得只有在这样轻松的环境里，才能创造出好成绩，他非常满意自己的这份工作。

管理智慧：

有些公司招人时，不喜欢在职人员前去应聘，认为在人家公司上着班，又到别家去应聘，这样的人工作不踏实。其实事情不完全是这样。试想，如果一个刚毕业的学生，在一个陌生的城市生活，不工作就意味着没有地方住，没有饭吃，无法养活自己的时候，就只好先找一份工作来糊口。一般生产型企业虽然工资低，但都是包吃包住。如果不确定好下家，弄不好就要流落街头了。但是如果员工能秉着一条原则就是不管在哪工作，都要担负起作为公司一员的责任，并善始善终，这样的员工还是可用的。

员工心得：

一个企业唯利是图，不讲究诚信的话，早晚会信誉全无，不会有人愿意和这样的企业有生意往来，最后会落得倒闭的下场。因此员工要想发展就不能待在这样的企业里面。诚信不仅是为人之本，还是商场的成事之道。

当对自己的工作单位不满意，想要寻找下家的时候，一定要先看清楚下家企业是否真的适合自己，一时之间找不到适合的单位，可以慢慢地等待时机，不要急于一时，盲目跳槽会让自己的生活更糟糕。

场外音：

做人要有做人的原则，不能只顾眼前的利益而不讲信义，背信弃义的事情坚决不能做。君子爱财取之有道，一旦失去了道义，就是自己堵住了自己的发财之道，就会因小失大，这实在不是智者所为。

人不但自己不要做有失道义的事情，就是别人犯了此类的错误也要尽力劝阻，如果对方实在是不听劝告的话，那么自己就要远离这样的人，永远不和他为伍。

重要的选择

驴子在磨房干了十几年，见证了磨房由小到大，再到外地设立分磨房的发展过程，并且工作一向很出色，有一天忽然辞职了，驴子的众亲友都感到非常吃惊。

众驴子一再询问，驴子说出了缘由，原来是磨坊主要评选一头拉磨先进驴子，并且予以丰厚的奖赏——1万个胡萝卜。老板在网上召开视频会议，发了主题贴，请大家在网上跟帖进行无记名投票推荐。谁都想要得到奖赏，网上的跟帖竟是清一色的“我选我”，阐述的理由却是各说各有理：

“我是最早进管理层的驴。不是先进，我能做磨房的领导吗？没有我的领导，磨房能有今天的发展吗？……”

“我是最早进入公司的驴。十几年如一日，不分昼夜地辛勤劳作，我把公司当成了自己的家，勤勤恳恳地工作，咱没有功劳也有苦劳吧……”

“我是最早进驻外地的。吃苦不言苦，我是第一个被外放的驴，总不能让流汗的人再流泪吧……”

“我是最早进献资金的。在磨房濒临破产时，是谁介绍在银行当行长的姨父贷款给磨房的？没有那笔贷款能有磨房的今天吗？……”

“我是最早进光荣榜的。业绩是最好的证明，我不想多说，看看年度工作效率最高的驴子评选结果吧……”

不言而喻，投票结果是每驴一票。老板在充分民主的基础上进行了集中，大笔一挥，选定那个姨父在银行当行长的驴子做了先进。对于当选理由，老板没有做任何解释，大伙自然是心照不宣。在这种情况下驴子一怒辞职了，他虽然还没有想好去处，但是也不愿意留在这样的磨房里。

驴子离开了磨房以后，就到了北方的一个大城市里打工。他边打零工，边找工作，后来终于找到了一个自己比较满意的公司。

进公司后，他把自己的薪资待遇跟亲朋好友说了，立即被泼了N瓢冷水，“怎么你的工资这么低啊？这不是白白委屈了自己吗？还不如留在磨房呢！不就是一个先进吗，评不上也不能放弃待遇那么好的工作啊！”驴子无言以对。而后以前磨房的同事也知道了驴子的情况，都说：“你怎么事先不打听好工资啊！不比原来的多，也不能少了那么些啊？你还是别在那里了，在那里真是屈才！”驴子又是无语。只是不断默默地告诉自己，这里的工作氛围很好，又是新部门，也挺受领导的器重，肯定会有很好的发展前途的，而且不是每个公司都能给到以前公司那个水平的工资的。

两年后的一个国庆节，以前的同事们约驴子一起出去聚聚。这时候的驴子已是年薪近百万的公司经理了。听着他讲完辞职后的打拼经历，驴子们终于明白了当初他放弃金饭碗的理由：对像驴子这样的千里马来说，比奔跑更重要的是选择。有时候放弃，需要更大的勇气和更多的智慧。

管理智慧：

建立有效的激励机制是每个企业必须做到的。但是激励绝对不能走错了路子，如果像故事中的激励那样，变成了对有权有势员工的奖励，那就会危害了企业伦理，就会对企业造成损害。

企业伦理，作为企业的一种重要的无形资产，越来越成为现代企业参与市场角逐的核心竞争力之一，企业伦理不仅直接影响着企业的商誉和绩效，同样影响着企业人力资源管理的成败。无数事实表明，一个没有良好商誉和口碑的企业，是很难吸引人才和赢得合作者的。

员工心得：

一个企业一旦管理出现问题，那么就不值得再为它效力了。那些充分肯定人的能力，以人的能力来判断个人成绩的公司，才是值得效命的。

一个人要靠自己的真实能力来发展自己，那样才会活得充实些，如果什么事情都靠拉关系、走后门来实现的话，在公司里不仅会受到别人的歧视，而且自己也会感觉低人一等。

场外音：

时机尚未成熟时，要挺住。人非圣贤，谁都无法甩掉七情六欲，离不开柴米油盐，即使遁入空门，“跳出三界外，不在五行中”，也要“出家人以宽大为怀，善哉！善哉！”不离口。所以，要成就大业，就得分清轻重缓急，大小远近，该舍的就得忍痛割爱，该忍的就得从长计议，从而实现理想，成就大事，创建大业。

留恋一时安稳，不敢走出去，就不会有更大的成功。每一个成功者都要勇于开拓，只有开拓了，才能走向通往成功的路。

第九章 “驴王”的成长秘密
——金牌员工是怎样炼成的

踏实肯干，认真学习的员工有无比的发展潜力，只要员工有上进心，企业就应该为他提供发展的平台。

人生中最大的幸福莫过于自我价值得到了体现，如果一个单位能够透彻地体现出你的价值，那么你就要在这个单位里努力地工作。

把平凡的工作做到极致

黑驴是一名普通的电工，在一家物业公司上班。都说黑驴的技术非常高，为业主排忧解难从不嫌烦。

物业公司要评选一位先进员工，他们不相信黑驴真像业主们说得那么优秀，于是他们决定暗中考察一番。公司里的领导与一位技术人员“串通”好，让他在半夜的时候，人为制造一个中等程度的故障。一般情况下，一位熟练电工可以在两个小时内解决问题。故障制造好了，值班人员给黑驴打电话，黑驴很快就赶到了现场。他过去看了看，用万用表测试了几下，便胸有成竹地说：“没事，是小问题，一会儿就能修好。”在场的人员都心中有数，觉得黑驴有些太不谦虚了，一般熟练的电工要用俩小时解决的问题，怎么可以简单地说一会就好呢！前后不到十分钟，在场人员还没回过神来，他已经成功地排除了故障，这不得不让他们佩服。在给黑驴打电话的时候，值班人员也给另外的几名电工打了电话，他们的电话不是打不通，就是说：“大半夜的也不耽误业主做什么，明天一早过去修好就行了”，说完就挂断了电话。黑驴顺理成章地成了公司的先进，并且得到了很多奖赏。但是他一点也不骄傲，还是认认真真地给业主办事，只要业主有需求，他就会出现。

黑驴超常的技能被公司的同事传为佳话。一位记者听到了这件事决定采访一下黑驴。记者问：“听说你在电工这个行业做得非常出色，请问你这种超常的技能是怎样练就的？”黑驴回答：“其实也没有什么，我学到的知识和别人学到的没有什么不同，只是要将学到的知识转化为有用的技能，就必须‘在干中学，在学中干’，不停地将新知识运用到实际工作中，然后在实际工作中学到更多新的知识”。黑驴是这么说的，也是这么做的。在技术方面他简直神了，有时候电路出了毛病，别的电工都束手无策，黑驴不用去现场，只要把毛病给他描述一下，他就能说出出现故障的原因，故障点在什么地方。

电视台以务实的驴子为名对黑驴做了专题介绍，一时间找黑驴所在的物业公司洽谈业务的人川流不息。有的人还直接找黑驴谈业务，黑驴很低调地说：“我只是公司里的一名普通员工，有什么业务方面的问题，请找我的领导去谈吧，只要领导吩咐的工作，我一定会去做的”。黑驴出了名，来拜访他的人也不少，但是能见到他的人却很少，因为他根本没有时间在办公室里。成了名驴的黑驴还是兢兢业业地工作，为业主排忧解难，什么时候有需求什么时候就到。

因为黑驴的原因，该物业公司的业务越来越多，公司的领导决定让黑驴做业务经理，不用出去干活，只坐在办公室里接待来客就行，但是被黑驴拒绝了，他说：“如果我不出去干活，那掌握的电工技巧还有什么用。”领导拗不过黑驴，只好让他还出去干活，只是把他的工资翻了一番。

黑驴虽然只是一名普通员工，但是公司里上至领导下到员工没有不敬重他的。

管理智慧：

有些员工不计较个人的得失，把自己的时间都奉献给了公司，这样的人不但给公司带来了经济效益，还给公司树立了良好的口碑，成为公司客户眼中的“公众人物”。因此，公司绝对不能亏待这样的员工，一旦失去这样的“公众人物”的话，公司的损失将无可计算。

公司不但不能亏待这样的“公众人物”，还要想方设法发挥这人的公众效应，对这样的人多加宣传，并且要以此为榜样，号召所有员工都行动起来向他学习，以便给公司创造更大的发展机会。

员工心得：

即使自己的工作比较平凡，如果能将平凡的工作做到极致的话，平凡的工作也会让你得到尊重和不菲的回报。因此，无论你处在什么岗位上，只要你兢兢业业地去干，去学，三百六十行，行行出状元，你一样能干出个状元来。

即使自己出了名，成了所谓的名人，自己也要保持一贯作风，胜不骄是每个人追求更大发展的前提。因为工作是靠干出来的。只有不停止工作，才能不断地做出成绩。如果一旦有了成绩就停下来欣赏自己，而不追求更进一步发展的话，自己终究会成为过时的人。

场外音：

人怕出名，猪怕壮，人一旦出了名，就会带来很多效应。所以，不管你从事的是哪个行业，不管你是什么职务，只要你能干出名堂，那么你就会受到名人的待遇。

不要看不起任何岗位，更不要看不起任何人。即使一个非常平凡的人，只要他不甘平庸，无论他处于何种岗位，他一样能做出成绩。正所谓“天下无难事，只怕有心人”。只要你肯用心去做，即使你是一棵平凡的小草，也一样能享受参天大树的快乐。

驴子技师

驴子是一名土木工程师，虽然年纪轻轻，但是他对建筑业的精通在业界中是数一数二的。

驴子想要找份工作，一展自己的才华。刚好一家建筑公司正在招聘，初试、面试、复试驴子都顺利地通过了。上班的第一天，领导找到他说："我看了你的简历，觉得你是个非常有才能的建筑师，因此不想让你把心思放在建筑上面，想让你给公司多带几个像样的建筑师，因此决定让你来做技师，你的主要任务是教徒弟"。驴子听了领导的话有些失望，也有点伤感，本来想在建筑界干出点名堂来，一展自己的抱负，没想到自己这么年轻就要做技师。驴子虽然有点郁闷，领导安排的工作他还是接受了。

驴子正闷着头往前走，偶然听到业务部主管和客户的谈话："真是对不住了，我们这里的技能人才比较缺，为了保证楼房的质量，我们实在没有能力同时接那么多活。感谢您对我们公司的信赖，如果你不能等几个月的话，就另找其他公司吧。""那就告退了。"一个胖嘟嘟的中年驴子从业务部主管的办公室里走出来。驴子感叹公司真是重信誉啊！驴子想通了：一个人的能力终归有限，而集体的力量却是无穷的。如果能把自己有限的知识传授给尽可能多的驴子，就等于把一个人的能力放大了很多倍。他暗想，自己一定多教几个徒弟，扩大技术骨干的队伍，加强企业的技术力量。

工作开始了，驴子总是把自己所学的知识和经验毫无保留地传授给徒弟们，并且对徒弟的要求很严格，每周都要检查徒弟们的工作记录，问他们一些有关建筑专业知识的问题。如果回答不上来，检查肯定不能过关。因此徒弟们只好硬着头皮学，在他检查之前，他们都会先自己仔细查一遍。

俗话说，一招鲜，吃遍天，每个教手艺的师傅都会给自己留一手。驴子却没有这样做，他把自己所知道的全部教给了徒弟们，他还把自己几年来积累的知识经验全部写下来，打印成文章分发给每个徒弟一份，让他们自己研究，不懂的尽管去找他问。由于驴子经常外出作业，不可能时时当面教导徒弟，只要徒弟工作中遇到困难，打个电话，师傅就会耐心地解答，直到徒弟完全弄懂为止。

驴子还经常带徒弟到外地出差，公司给报销一切花销。但是驴子从来不铺张浪费，吃住都捡最便宜的。虽然最苦最累的是他，但是他还处处关心徒弟们的生活。对于工作，他时常鼓励徒弟们："你们大胆干，万一出了错我负责任。"

就这样3年多的时间里，驴子给公司带出了30多名工程师，其中技术顶尖的人才就有5名，他们不但给公司创造了前所未有的收入，而且为全国各地建设了不少外观美丽、坚实耐用的楼房，还有一些道路、桥梁。这不仅使公司成为了远近闻名的建筑公司，而且驴子也成了公司里的元老级人物。

管理智慧：

要发挥人才的力量，不一定非要把人才放到一线，如果一个企业学会用人才制造人才的话，那么就可谓把人才用到了极致。用人才制造人才，指的是把人才的知识技能传授给其他的人，让其他的人也成为同样的人才。如果一个企业做到了这一点，它就是为自己创造了更高的生产力。这样做不但可以大大降低自己的生产成本，还有利于保持人才队伍的稳定性。因此，这是值得每一个企业借鉴的经验。

在企业共同价值和个人价值的关系中，认为的共同价值高于个人价值，"共同协作"的价值高于"独立单干"的价值，维护职工队伍稳定的价值高于赚钱的价值，因此企业要发展就要有自己稳定的员工做后盾。

员工心得：

要让自己的才能得到最大程度地发挥，复制人才不失为一个上上之策，如果把自己的智慧传授给更多的人的话，那就是无数个自己在做自己可做的工作，这样的贡献对企业和公司来说都是最大的，这当然也是自己人生价值的最大实现。

知识、技能不需要保留，只有工作当中互相学习，互相借鉴，才能有新知识的产生。传授别人技艺的时候，留一手的做法已经过时了，只要尽心尽力教会别人，一定会得到别人的尊重的。

场外音：

企业的发展是大家共同努力的结果，身为集体中的一员，无论自己的分工是什么，都不要抱怨。工作中是这样，做其他事情也是这样。无论是台前还是幕后，只要认真付出了，就是给集体做出了不可替代的贡献。

在集体当中每个人的作用都是巨大的，无可替代的，只是岗位不一样、分工不同而已。无论你身处什么位子，都不要感到失落，只要努力付出了，成功的果实同样会为你绽放。

被放飞的驴

黔驴在一家化工厂上班。上班6年来，他老老实实地工作，领导让干什么他就干什么，已经养成了按照领导说的做习惯了。

今年6月份厂里进行了领导干部改选，老一届领导干部全部下了台，新上台的全部是年轻的领导。他们不但思想先进，做法也完全与过去的领导不一样，这让黔驴真还有些不适应。这不，傍晚的时候黔驴像往常一样到领导办公室去汇报工作，没想到却被告知，早请示晚汇报的制度被取消了，以后不要在领导的指挥下按部就班工作，要自觉自律地去工作。厂里决定对员工们“放手”，今后除了在关键地方指导把关外，其他事全由员工们自己处理。

黔驴就像一只刚被放飞的鸽子一样，领导一松手自己却不知道要朝哪里飞了。恰巧生产上又出现了问题，黔驴觉得无计可施了，他急忙去请示领导，因为以前一碰到问题都是由厂领导处理，工人的建议不受重视，员工主动参与管理的积极性不高，久而久之，就养成了“领导说怎么干就怎么干”的等、靠思想。当他找到一位年轻领导请示怎么干的时候，他被告知：“你自己看着办吧！”黔驴感到很为难，自己倒是有个主意，但是万一出了事情怎么办呢？那个领导好像看穿了黔驴的心事，接着说：“我们都说过放手了，怎么能再去干涉你的工作呢？没关系，放心干吧，只要你能‘折腾’，出了问题厂里帮你解决，没关系的，放开干吧。我们就是要选一批有能力的，敢想敢做的人来参与管理。”黔驴一听领导那么信任他，他觉得自己一定要干出个样来。

黔驴按照自己的想法去做了，结果问题很顺利地解决了，他又去找领导汇报工作，领导为此也非常高兴，并鼓励他继续大胆地干，还让他认真钻研一下技术。并且告诉他任何工作都不用再汇报了，要自己干，厂里要的是结果，不会干涉其做法的。企业的信任让像黔驴一样的许多青年员工热情高涨，他们都找出专业书开始潜心钻研，很快成了操作上的“重量级人物”。半年后黔驴被厂里聘为技术员，去指导一些普通员工的工作。

成为技术员的黔驴工作更加认真了，厂里对他彻底放手，他只有刻苦钻研，掌握一流的技术，才能胜任技术员工作，因此黔驴除了积极参加实践积累工作经验外，还买来很多有关化工技术、技能方面的书。白天工作没有时间看，他就在晚上的时候读。为了晚上不影响舍友的休息，黔驴买来了一盏小台灯，放在自己的床头，借着它的光亮读书到深夜。黔驴想领导放手就是在逼着自己成长，除了迅速成长为一名优秀的技术员外，他别无选择。为了不辜负厂里领导的厚望，黔驴更加用功了，有时候他的小台灯通宵达旦地亮着。

通过不断地努力，黔驴学会了他工作领域的标准化操作内容、工艺隐患排查办法等多项工艺管理办法，厂里也更加重视他了，让他参加厂里的工艺技术攻关，很快，黔驴就成了厂里的“金牌员工”。

管理智慧：

员工的成长过程就像稚子学步，总是在大人一次次地放手之后，在摸索中学会了走路。所以，企业应该对员工适当地放手，放心地让他们在独立思考中成长为企业的栋梁。作为上司，既然把任务交给了下属，就要充分放手，让其有施展才能的机会，只有这样，才能人尽其才。

随着知识经济时代的来临，经济全球化的加剧，作为企业的第一资源，人才已成为推动企业发展和创新的主要力量。如何发现人才、重视人才、用好人才，最大限度发挥人才的积极性、主动性、创造性，做到知人善任，人尽其才，不仅仅是人力资源管理部门的责任，也是各级领导干部的一项基本职责。

员工心得：

员工具有个体发展的需要，希望得到上司的赏识和重用，受到他人的认可和尊重，有学习和发展的机会，获得情感上的释放或满足等需求。一旦个人的需求得到了满足，就会发挥出无限的潜能，因此在找工作的时候要看一下该企业是否具有人性化的管理，是否能让员工有充分发挥自己才能的空间，只有在重视员工需求的企业里才能让自己迅速成长为“金牌员工”。

场外音：

人事不可偏重，既要给予人才自由发挥才能的空间，又要对其有所约束，使其敬畏而不骄纵妄为。所以，古人便主张对人才进行“勤教”和“严教”。这和现代人力资源管理核心业务中的培训与绩效考评的目的是一致的。

通过严教与绩效考评，裁庸去腐、扬善树贤，不仅使人才内心敬畏、忠于职守，长此可形成刚正之风气，使企业永远保持创新进取的活力。因此作为企业老板对员工既不要放任自由，也不能统得太死。

企业给的阳光

有一个头脑灵活的农夫，不到十年的时间就把当初只有两头驴子的磨房经营成了远近闻名的大企业。这位农夫不仅头脑灵活，而且善于学习，他文化水平不高，职高毕业却很精通互联网。正是利用互联网，他掌握了各地对面粉的需求信息，从而把自己的生意不断做大。不仅如此，他还是一个非常重视人才的老板，他任人唯贤，不管身世背景。

这不，由当初的小磨房变成了如今的大企业，光员工就有2000多了，农夫越来越忙，他想找一头驴子作为自己的助手，负责在网上宣传企业。农夫把这件事交给了驴事部处理，并且吩咐一定要在员工内部选，因为自己的员工熟悉自己企业的情况，选出来就可以直接上岗。

老板吩咐的工作驴事部不敢怠慢，因为老板向来是个说一不二的人。驴事部立刻在员工内部开始了助理的选拔，部长先把所有员工的资料都看了一遍，最后把目光锁定在中文系毕业的几头驴子身上。他把他们召集起来，开了一个会，通报了老板的要求，然后出了一个题目让他们回去写一篇报道，下周一交到他手里，他再递给老板。

文驴进这个企业已经3年多了，但是他平时不怎么爱说话，工作总是默默无闻，工作中也没出现过什么问题，因此企业里上上下下对文驴的印象都不深。但是文驴是个非常热爱文学的驴子，他平时没事的时候就喜欢看看书、写写文章，偶尔还向报社投稿。因为他比较低调，从来不向同事们炫耀什么，所以大家都不知道他会写文章。文驴听说老板要招聘一位助理，就做好了报名的准备，结果没想到自己却被排除在外了。文驴不死心，他觉得写写东西，发发消息是自己擅长的，他更适合这个工作，于是暗地里也按照驴事部长的要求写了一篇报道，与其他写报道的驴子不同的是，他直接交到了老板手里。

老板看了所有交上来的报道，觉得文驴最适合做助理了，于是把驴事部长叫来训了一通，让他在所有员工中间宣布这个招聘消息，有谁觉得自己适合的，也可以写一篇报道交给老板，结果还是文驴最合适。

文驴做了企业的宣传助理，短短的一年之内他就在省部级以上媒体发稿 20 多篇有关企业的报道，而其中 10 多篇则是发表在国家级报纸《工人日报》上，这大大地提高了企业的影响力，文驴也成了出名的写作高手。有几家文化公司都争相聘请文驴去做约稿编辑，都被文驴拒绝了，他说：“因为企业给了我阳光，我才会变得如此灿烂，在企业需要我的时候，我怎么能够离开呢！”

文驴不断地有文章见诸报端，他对企业的宣传，让企业得到了前所未有的发展。老板不但提高了他的薪金待遇，还让他做一些企业策划文案，以及出台一些企业内部管理制度，文驴把企业的工作当成自己的责任，如今他们的企业在农夫和文驴的带领下朝着更强、更大的方向发展。

管理智慧：

有些企业和班组存在一种现象，即在优秀员工身上花费的功夫远多于普通员工，更舍得在培养优秀员工上下力气，常常是作为典型重点培养，创造条件，给予机会，而很少考虑那些默默无闻的员工想什么、缺什么、需要什么。这样的结果便是导致部分员工心态失衡，看不到自身价值和希望所在，甚至认为自己就应该是红花旁边的绿叶，而丧失了进取心和主动性。

事实上只要企业给点阳光，员工人人都会灿烂，即便是默默无闻的普通员工，也能是人才，也可以成才！

员工心得：

感觉到责任，体会到自身价值所在，并主动为之努力，就会创造出成绩。因此，一个良好的工作人员，首先要有责任感，把公司的事情当成自己的事情来做，在工作当中充分体现自己的价值，这样的员工才是一个有利于企业发展的员工。

在管理人员放手的时候，员工要更加严格要求自己，要在自己的岗位上做出成绩，以回报领导的信任，不能因为领导放手了，自己就放纵自己，无所事事，任意而为，这样，用不了多久就会下岗的。

场外音：

企业能否持续经营，主要看企业能否持续创新，持续开发出人才，营造持续吸引、培养、凝聚人才的企业文化，培养和选拔出能继承和发展其优良传统和文化的核心人才。现代企业需要以人为中心的管理，即将人的因素放在第一位。作为企业如何吸纳、留住、培养人才，充分挖掘他们的潜能，这是人力资源管理必须研究和创新的主要内容。

爱参加考试的驴子

刚从考场走出来的驴子小虎，第一件事就是认真分析自己此次考试的失误和收获，借此来丰富自己的职业考试生活，每次考试都能让小虎收获甚丰，都会让他今后的工作上一个台阶。

三年前，刚参加工作不久的小虎，为了让自己的工作更上一层楼，他选择了参加职业考试，这样会让自己的学习积极性更高一些。初出茅庐的小虎第一次参加考试便在理论知识环节中遭遇了专业技术生涯的第一个“瓶颈”，在做一个实验题目的时候，单位换算出错，丢了好多分，第一次考试以失败告终。小虎的自信受到了打击，但是同时他也看到了自己的不足，连一个基础的考试都不能通过，在以后的工作中怎么能避免操作失误呢？于是，小虎决定继续参加考试。他想，只有理论过关了，实践才会不出错误。

此后，为了通过基础理论考试，小虎白天认真工作，并且做好一切工作记录，总结实践经验，晚上在临睡前也不忘把操作方法和维修要领逐一背诵，把暂时忘掉的部分反复看几遍。他每天都给自己制定学习目标，不完成当天的任务他就不休息。

由于小虎的积极努力，他第二次，顺利地通过了基础理论考试，并且成绩非常优秀。考试通过以后，小虎并没有满足，他还要参加更高难度的职业测试，因为他觉得只有不断地挑战自我，工作中才能取得更好的成绩。于是小虎又开始准备下一次的考试了，他买来和专业有关的书籍，一有空就看。小虎的努力没有白费，专业技能考试他一次就过关了，但是他还有不满意的地方，实际操作考试环节中，仪表接线错了位置。虽说事后他很快分析出原因，可这却成为他考试经历中又一次不满意。或许这也算作因祸得福，每次考试中出现的错误，小虎在实际工作中都小心翼翼，从来没有出现过类似的错误。

就这样，小虎不断地报名参加职业测试，每次测试它都非常重视，考前复习，考后查失误，他的业务水平不断提高，也得到了上司的器重，由一名普通的仪表维修工，被提拔为车间最年轻的高级工，后又晋升为助理技师，直至成为班里的业务骨干。

成为了业务骨干的小虎，工作比原来忙了很多，但是忙碌的他从来没有放弃学习，他总能在忙里偷闲，继续钻研一些专业书，并且有时间就报名参加职业考试。3年以来小虎拿到了5个证书，他宝贝似地珍藏着，他说："这些证书是我专业技术进步的见证者，也是促使我更上一个台阶的动力"。

管理智慧：

一个人没有文化不行，一个企业更离不开文化。企业文化犹如企业的灵魂，是企业成员之间相互理解的产物，是企业制度、企业精神、企业道德规范和价值取向的总和。如何构建先进企业文化是调动员工积极性，提高企业效率和竞争力，变人力资源为人力资本的一个十分重要而且最为基本的手段。

人可以参加各种类型的考试来提高自己的文化水平，企业文化的构建可以通过两条途径。外在途径的主要手段是依靠全体员工的力量，通过企业的对外传播活动，向社会辐射企业的影响，打造良好的企业形象并为创立企业文化提供良好的外部环境。企业的自我完善则是创立企业文化的内在活力。企业需要进行的内部改造工作包括设计组织机构、树立企业精神、培育团队精神以及开发企业的素质。

员工心得：

工作中要找到一个支持自己不断发展的动力才行，只有有了动力，自己才能坚持不懈地去努力，否则就会容易懈怠，不求上进，遇到困难就退缩。

工作中可以采取一种自我激励的方法，自己不断地给自己设立目标，然后再一个个地实现目标，就在目标不断实现的过程中，个人能力就会得到一步步地提升，并且会在工作中取得一次次的胜利，自己也可以稳立于职场。

场外音：

从某种意义上说，一个企业重视员工培训和开发工作的程度，决定了其未来竞争的潜力。如果一个员工自觉地学习工作中需要的知识，企业要给予大力的支持，不仅如此，还要以此为榜样，鼓励其他员工，主动积极地学习文化知识和专业技能。

每个人都要做好自己的发展规划，个人的发展不能全靠企业的培养，还要靠自己的积极主动，无论你走到什么地方，你所学到的文化知识和专业技能都会跟随你，任何人也夺不走它，所以，只有学到的知识才是自己的，多学习没错。

驴子对工作的总结

驴子小惠是一头年轻漂亮的驴，由于相貌出众，她被移动营业厅录用为业务员。

小惠是一头比较务实的驴子，除了对工作认真负责以外，她还积极钻研。刚进移动公司的时候，小惠对业务一点都不熟悉，虽然有专门负责培训的人员，但是小惠还是愿意自己钻研。她为了尽快掌握公司业务知识，牺牲了所有节假日，牺牲了与家人、朋友相聚的时间，利用一切可以利用的时间，全面细致地学习公司各项业务知识，特别是在移动有新卡推出的时候，为了能使业务顺利开展，她除了上班钻研业务知识外，还时常利用下班时间查找专业资料，最后总结出了一套比较适用的流程，被移动各个营业厅采用，受到了公司的嘉奖，并被提拔为营业厅班长。

营业厅班长的位置并不好做，上任没几天，她就感到任务的艰巨及增强班组凝聚力的重要性。第一营业厅受理的是个人手机业务，为了完成营业部下达的营业额指标，她想尽了各种办法，最后召集班里的所有人员商讨对策。根据大家的建议，制定了切实可行的短信普及竞赛办法，由于获奖的几率极大，此次活动极大地调动了手机用户的积极性。在短短一个月内短消息当月的普及率由原来不足 20% 提高到 80%，为短信业务的普及打下了坚实基础。由于成绩突出，小惠又被提升到了业务部。

调至业务部工作后，小惠重新调整了自己所处的位置。要想在业务部干出成绩，就要有娴熟的业务技能。为了快速提高自己的业务技能，小惠对各种业务知识分类总结记忆，比如品牌资费类、促销活动类、新业务类等。分类记忆既加快了记忆速度，又加快了记忆的准确性。由于找到了正确的学习、记忆方法，小惠很快就熟练地掌握了业务知识。

业务知识熟练以后，小惠就大胆地开展了工作，虽然工作开展顺利，但是工作中也遇到了难题。有的用户对他们的业务和工作有不满和误解，就怒气冲冲，蛮不讲理，有时候还骂骂咧咧。面对这样的客户，小惠几次都忍住了。她认为，工作中个人的一言一行都代表公司的形象，有天大的委屈也只能让泪水流在心里，要把真诚的微笑奉献给用户。于是，面对怒气冲冲的用户，她始终面带微笑回答问题。

一次一个用户怒气冲冲地进了业务部，小惠赶忙陪着笑脸请用户坐下，耐心聆听用户的投诉。她一边耐心地向用户解释疑惑，一边给用户查找详细的话单，直到疑惑终于被消除。原来是客户开通了上网业务，没有及时取消，到月底最后一天再取消就没有取消掉，而该用户不知道。当她给用户解释清楚，并征求用户的意见，为用户取消上网包月后，用户先前的那种粗鲁不见了，而是红着脸惭愧地说：“真是对不起，刚才实在是失礼了。我这样误会你，你还热情接待、耐心解释，真让我觉得惭愧，你们的服务真让我感动，还是移动公司的服务态度好！”听了这段话，小惠露出了灿烂的笑脸，她觉得自己的工作有了回报。也明白了在以后的工作中应当如何去面对用户了，渐渐地小惠总结出了做好服务工作的要领，那就是“以诚相待，求实务实”。

管理智慧：

许多世界500强企业在选拔人才起决定作用的因素往往不是应聘人员的专业水准，而是看其是否拥有与企业相同或相似的价值观，只有主动地接受企业在长期发展过程中形成的已被大多数员工所践行的价值观念，才会忠诚于企业，对企业产生归属感，与企业形成命运共同体。

汉代的贾谊在《鹏鸟赋》中写道：“贪夫殉财兮，烈士殉名；夸者死权兮，众庶凭生。”可见个人的理想和价值观决定了个人的追求和努力方向，而一个企业的价值观就是凝聚员工精神和号召、指引员工前进的一面旗帜。当企业和员工的价值观相统一的时候，不但个人能够进步，企业也会得到发展。

员工心得：

工作要善于总结，在实践中不断地总结工作经验，掌握工作的要领，是每个想要成功的员工必须做的事情。否则即使你工作非常努力，但是工作不得法，也不会做出什么成绩。

工作要努力负责，时刻为公司的利益着想，才能得到公司的对个人的回报，自私自利的人不仅做不好工作，也不会得到别人的尊重。因此，要想得到，首先要学会付出，忍辱负重，才会有大发展。

场外音：

人需要有反思精神，只有不断地反思自己的所作所为，才能更好地发挥自己的才能，让自己做事更有分寸，知道什么样的事情应该做，什么样的事情不应该做，才能减小自己犯错误的几率。

人要善于总结，只有总结一下自己的经验教训，才有利于以后工作的开展。在总结当中能发现自己的不足，保持自己的优点，弥补自己的不足，就会取得更大的成功。

第十章 “叫驴”也能卖上好价钱 ——职场中的自我推销与包装

企业无小事，事事都关己，如果把自己当成企业发展中的看客的话，那么自己永远成不了企业的主人。

一个人的举止言谈，会充分反映出一个人的处事能力，只要你细心观察，就能做出正确的判断。

自己争取的机会

上海国际电台要招播音主持，这对于播音界可以说是一个爆炸性的新闻。上海国际电台在国际上很有名气，能成为这个电台的播音主持是件非常荣幸的事。来应聘的驴子也都是这个圈子里有头有脸的，响当当的重量级驴子。然而出人意料的是最后被录用的竟是一头年迈的老驴，而且他并没有经过正式的招聘程序。这让所有的驴子都感到不解，甚至是愤愤不平，他们说：“老驴的后台一定非常硬，肯定是电视台得罪不起，才勉强收下老驴的。”

2007 年中国的经济飞速发展，这时候老驴退休了，但是他是个很有眼光的投资者，觉得上海一定是个更容易发展的地方。于是老驴迈出了退休后人生中关键的一步，他在上海租房子独立生活，开始了自己的闯荡生涯。要在上海发展对他来说第一个难关是说好普通话，于是老驴开始练习普通话，他试着接触一些朋友，经常和他们约会，跟那些朋友在一起，老驴讲的都是普通话，渐渐地他的普通话几乎不带一点北方老家话的味道了。在所有的朋友当中老驴最熟悉的一个就是黑驴，他到上海很多年了，而且混得还非常出色。

一个偶然的机会老驴得知上海国际电台要招聘播音主持，而自己在退休前干的就是这个职业，心中暗自高兴。但是老驴一打听，好像招聘工作刚刚结束。老驴有些失望，但是他并没有放弃，他决定找好朋友黑驴商量此事。

老驴赶忙打车去了黑驴上班的地方，黑驴得知老驴来访很是吃惊，但是听了老驴的话后他更是吃惊，老驴要应聘上海国际电台播音主持，这对黑驴来说简直成了个爆炸性的新闻。因为很多出类拔萃的青年播音员都没有把握应聘上，老驴这么大的岁数，虽然干过播音员，但那毕竟是过去的事情了。黑驴把困难给老驴介绍了一番，本以为老驴会知难而退，但是老驴还是坚持让黑驴帮忙想办法，最后黑驴说："听说播音员一事确实还没有最后确定，是因为没有很合适的人选，虽然我在这里工作，但也不能帮上你什么忙，这是要凭个人能力的，我能帮的就是告诉你主管此事的人的电话，你自己联系好了"。老驴听了这话非常高兴，他说："你这就是帮了我的大忙了"，高兴地拿着电话号码走了。

老驴给电台的人事主管打了一个电话，电台让他先寄去相关资料。老驴立即着手准备应聘，他将自己以前在电台工作的片段做成一张DVD，连同自己以前的荣誉证书、奖杯、个人资料寄给了上海国际电台。在耐心等待几个星期后，老驴得到了上海国际电台的通知，让他过去试音。因为老驴在英国留过学，说一口流利的英语，而且以前工作相当出色。这次电台招聘的就是一名会用英语播音的播音员，种种优势使老驴最终登上了上海国际电台对外播音主持的宝座！

管理智慧：

建立一套透明公开的人才聘用机制，让员工在开放、平等的环境下展示自己的才能，最大限度地激发员工的积极性。只有员工的个人利益在规范的制度下得到保障，才有助于员工之间建立彼此的信任关系，不仅能留住人才，更能督促员工不断地进步，更好地为企业服务。这样既有利于企业效率的提高，又可以让员工在制度的保证下，对自己在企业中的发展更有信心。

企业在聘用人才的时候，要以人的能力为根本标准，不要看资格和身份，能够胜任工作的就是最好的选择。

员工心得：

职场当中不要相信招聘已结束，自己给自己一个机会，即使用人单位已经停止招聘，只要自己觉得只有自己才是最佳的人选，大可以直接找主管商谈，说不定你还会有一线生机。只要有希望就不要放弃，这样才能找到自己理想的工作。

只要有真才实学，到什么地方应聘都不要害怕，在市场经济条件下，企业看重的是人的才能，其他条件都是次要的。如果你有才，你就比别人具有不可比拟的优势。真才实学再加上自信就等于成功。

场外音：

善于与人交往的人会获得比他人更多就业的机会，善于推销自己也是一种不可或缺的能力。因此，人要多交朋友，多一个朋友多一条路，平时多积累人脉资源，当自己遇到困难的时候就可以找这些人出主意、想办法。

一个人要想成功最主要的还是要靠自己，首先要有自我推销的勇气，把自己的优点展示给别人，让别人接受自己，才能得到别人的支持或信赖。其次，要有真才实学，能力强的人，到什么地方都不会被拒绝。

毛遂自荐

驴子是一家酒店的经理，酒店的地理位置还算可以，所以酒店的营业额挺不错。很多投资者也看到了酒店行业利润不菲。所以最近有不少酒店开业，抢走了很多顾客。经济危机使人们看紧了自己的口袋。对于驴子来说真可谓雪上加霜，酒店眼看处于倒闭的境地，可是自己也是无计可施，最后只好关门大吉了。

驴子从一个高级管理者忽然成为一个失业者，这对驴子来说是个不小的打击。不过他自信凭借着自己三年的管理经验，一定可以找个比较满意的工作。只是现在招聘都讲究文凭，他的那个专科文凭真是让他有些拿不出手。虽然好多企业更看重工作经验，可是文凭毕竟是块敲门砖，鬼知道自己会遇到一个什么样的招聘人员呢。驴子有些担心了，但是无论怎么说驴子也经历过大风大浪，自己在心里默默地说。我是不会被这点挫折击倒的，困难只会让我加速前进的步伐。

驴子非常善于抓住机遇，这也是他为何能在短时间内晋升为酒店的部门经理的原因。当然驴子也很懂得享受生活，平时工作闲暇时间就会去一些酒吧、按摩房等娱乐场所放松一下。虽然工作没了，驴子还是不时地到娱乐场所去放松自己。这次他又来到了一个大型的娱乐场所，企图释放一下自己压抑的情绪。刚进门时门口那两个迎宾小姐的眼神有点让他不舒服。至少比不上以前他们酒店里的迎宾小姐，无论从外形还是气质。想到这里驴子的心里泛起一阵苦楚，自己当年也算是叱咤风云，唉……真可谓是往事不堪回首啊！可能是驴子现在的情绪不好，总感觉玩得不是那么尽兴。他要结账的时候，服务员“嗯”的一声就继续干别的去了，他觉得那个服务生对顾客竟然这么不礼貌，根本不为顾客着想。想到这驴子忽然脸上有了一丝笑容，他想这对自己来说不是一个很好的机会吗？反正自己以前从事的行业也是服务业，不如就在这里应聘一下试试。驴子看了看这家娱乐场所也够高档的，他已经按捺不住自己心中的兴奋，好像有一股热气推着自己去应聘这里的经理。

驴子找到了那里的董事长。一看董事长就是个大度、和蔼的企业家。寒暄几句之后，驴子开门见山地说明了自己的来意。董事长很惊讶，眼睛来回打量着这头年轻的驴子，驴子接着说了自己为何能胜任此工作的原因。自己以前从事的也是服务业，有着宝贵的经验，自己也经常去一些娱乐场所，可以借鉴别人成功的管理模式，驴子又说了刚才对服务员的评价，并表示自己有不少的人才储备可以利用。驴子跟董事长谈了很长时间。董事长被驴子这么一说还真动心了，加上本来就有要换经理的意思，董事长说：“真可谓是青年出英雄啊！”。让驴子回去等消息，说跟其他几位股东商量后再通知他。

没过几天，董事长亲自打来电话说驴子明天就可以到公司报到上班了。

管理智慧：

企业的“企”字是由“人”、“止”组成，“企”无“人”则“止”。人是企业经营的主体，是企业竞争力之本，是确保企业竞争优势的决定性因素。所以企业对员工要尊重和信任。尊重员工的人格，尊重员工的劳动，尊重员工的一切权益，如知情权、参与权、平等竞争权、自主择业权、取酬权、利益共享权等；不仅如此，企业还要善于发现和利用人才，对那些自己找上门来的人才更不能错过。只要他的意见有利于企业的发展，就要接受；只要他能对企业做出贡献，就要接收。一个善于吸纳人才的企业，才会有无限地发展生机。

员工心得：

胜不骄，败不馁，职场中失去工作没有什么可怕的，只要自己耐心寻找，总会发现适合自己的地方。如果你发现哪个企业有漏洞，自已加入可以做得更好的话，即使该企业不是招聘的时候，自己也可以向管理者推荐自己，把自己的想法、打算一并告知，只要你的设想有利于企业的发展，就没有哪个领导会拒绝。也许这样的机会并不多见，关键的是要有毛遂自荐的勇气。

场外音：

在许多人的眼中，学习知识的能力、科研能力、思维能力、动手能力是人才不可缺少的能力，而对推销自己的能力则缺乏应有的认识。有些人书生气十足，对社会现实知之甚少，使自己与社会处于隔离状态，不善与人交流，也不了解人的接受心理，难以被用人单位所了解和赏识。所以，在日常生活中要多多了解一下社会，要学会揣摩别人的心态，只要抓住了别人的心理，那么想要采取什么行动的话，自己就会占尽先机。

驴子获奖

驴子在一家很大的房地产公司上班，他只是个普通员工。在一个有二三百头驴子的公司里是很难被人注意的。他只有专科文凭，驴子的内心也有低人一等的感觉，所以平时很少和公司的人聊天。虽然他不大爱说话，但是驴子心里有数。对公司内的各种情况都观察得很仔细，他对一切都了如指掌。在这个公司里有个让驴子感觉很烦的人，因为那次他无意中听见那驴在议论专科学历怎么怎么的。对此，驴子一直认为那驴是在说他。所以他一直耿耿于怀。那驴的话也使得他做什么事都不敢声张。因为他害怕自己被别的驴议论。

驴子一直默默无闻，但是他比别人努力，生怕自己落后。就连周末他也很少休息，总是加班加点地工作。驴子还有一个爱好就是看书，即使工作再忙，他也没有停止学习的脚步，平时他尽量多地学习一些与工作相关的知识技能。而且他还喜欢寻找与同行业其他公司人员认识的机会，久而久之，驴子的朋友圈和见识也有所增大。

一天早晨，他一进公司的门就看到公司里的驴们都在议论什么。好像有什么大事要发生。驴子来到自己办公桌前，听见有一个同事说："这种事永远也不会和我们这些普通员工有关系的"。驴子想反驳他，但是没有，他心想："普通员工怎么啦？谁不是一步一步爬上去的？"驴子经过打听得知，原来公司最近经营状况不好。因此董事长决定向公司全体人员征集公司下一步的发展规划，规划要包括所发现的公司存在的问题、解决方法、对于目前市场分析等，一经采用，不但会有五万元奖励，还会考虑提升。

很多员工都在那里议论着此事，有的说像这种大事我们这些小员工怎么能做出来，一看这就是给那些公司管理层提供升迁机会的，只不过是冠以公平公正的帽子，对此驴子却不以为然。果然公司贴出了和员工说的一模一样的征招规划通告，公司的管理层都活跃起来，还有一些公司的顶尖人才也参与进来。有硕士生、博士生，还有几个“海龟”。董事长对他们的规划不是很满意，因为这些领导的想法或多或少地脱离了市场。在提交规划的驴子当中有个董事长很陌生的名字，这是个普通员工，于是董事长向驴事部询问了这头驴的情况。驴事部只是说这头驴很普通，平时也不大爱说话。听到这，董事长有点好奇，于是召见了他。驴子见到董事长一点也不胆怯，这就是准备充足的原因吧。驴子对于董事长的提问回答得都很透彻，对目前市场的分析与建议更是无人能比。这使董事长异常惊讶，公司有这么个人才我怎么没发现呢？董事长拍着驴子的肩膀说：“真是后生可畏，获得这个奖项你是当之无愧！”

管理智慧：

企业必须树立现代“共赢”的价值观，兼顾所有者利益和员工利益，并以此作为指导企业经营与发展的宗旨。这样才能充分调动所有员工的积极性。

对于所有者而言，只有树立“双赢”的价值观念，才能自觉接受先进的管理理论和现代化管理方法，自觉地了解、尊重和满足员工的物质和精神需求，保障员工的权利和利益。对员工而言，只有自身的权利和利益在企业中得到体现和保障，才会从根本上意识到自身的业绩与企业的效益和前途是直接相关的，才能在心理和行动上与企业同甘共苦、为企业做贡献，而不是只要事情不涉及自己的工作就觉得和自己无关。

员工心得：

企业无小事，事事都关己，如果把自己当成企业发展中看客的话，那么自己永远成不了企业的主人。在其职，谋其事，只要自己是一个企业的员工，无论企业发生大事还是小事都应该看成是自己的事，因为企业是大家的，企业的发展靠群策群力，如果不把责任明确到人，员工就以为该责任和自己无关，这是一种不负责任的做法，在职场当中，这种做法是不可取的。只要你有好点子，不管你在企业中所处的位置如何，都要把你的建议上报给领导，如果有利于企业的发展，即使你是一名普通员工，领导一样会采用。

场外音：

一个成功的人是一个善于表现自己的人，如果你不把自己的能力推销给别人，别人就不会感觉到你的能力。因此，只要有机会，就一定要把自己推销出去。

即使你是一个默默无闻的人，只要你时刻做好为企业做出贡献的准备，时机总会有的；只要把工作当成一种责任，做事本着对工作负责的原则，没有什么工作会做不好的。

不做会计的驴

驴子出生在城市，从小就爱读书，学习成绩一直不错。在学校一直是老师引以为荣的好学生。驴子从小学到初中表现都很好，他顺利地进入了高中。时光如梭，转眼驴子高中毕业了。很自然，驴子的高考成绩很出色，剩下的就是填报志愿了。人们都说高考只是成功的一半，另一半则是报志愿。驴子从小就是个听话的好孩子，什么都听父母的。在报志愿的问题上却与父母产生了分歧，父母要求他报将来会很有前途的会计专业，但是他却不喜欢。他一直比较感兴趣的是市场营销专业，他的梦想就是做一名出色的营销人员。但是父母已经在新加坡选好了一所出名的会计学校，驴子拗不过父母，最终还是去了新加坡的会计学校。

在国外求学的路很漫长，虽然这不是他所愿，但他并没有堕落，依然保持自己努力奋斗的精神，学习非常刻苦。他还经常利用课余时间去听一些市场营销的课。渐渐地自己对市场营销也有了一定的知识基础。很快，四年过去了，驴子以优异的成绩毕业了，不仅学到了很多会计知识，市场营销也懂了很多。

回国后驴子很快就参加到找工作的驴子队伍当中，驴子要是凭着自己的会计专业知识和新加坡留学背景，完全可以找一个很好的会计工作。很不巧，那年夏天高温天气特别多，那些成群招入的业务员都成堆地打了退堂鼓。驴子却每日神采奕奕地到驴才市场上找工作，让人想不到的是他要找的是市场营销方面的工作。

有一日，驴子参加一个招市场推广员的面试，主考官很是费解，问驴子：“你学的是会计专业，放着这么好的工作不干为什么却来做这压力大又辛苦无比的业务工作呢？”驴子坦然地说：“因为我不是做会计的料啊！”主考官更是惊讶，既然不是做会计的料，为什么去国外读专门的会计学校？驴子告诉主考官自己的兴趣并不在会计专业上，因为当时报专业是按照父母的意思报的，自己对数学非常厌恶，同时驴子还把五官皱成一团，做出很为难的样子。接下来驴子介绍到自己的求学生涯，虽然不是学的市场营销专业但自己经常在课余时间去听市场营销的课，因为他一向感兴趣的专业就是市场营销。驴子陈述了自己为何能胜任此职位，首先自己有敏锐的观察能力，能够洞察市场变化，透过现象发现本质；其次自己有很好的分析能力、应变能力、创新能力等。驴子在说完每项能力后还说出自己以前做兼职营销时的经历。老板对于驴子很满意，当即同意录用他。

驴子工作后非常努力。他不怕苦不怕累，只要干出成绩就非常高兴。几年后驴子凭借着自己的努力成为该公司销售部经理。

管理智慧：

只要一个人对他的职业爱好，那么无论他是不是专业人士，他都能在那个岗位上做出惊人的成绩。因此，招聘主管应当注意，在招聘新员工的时候，不一定是非专业人士不要，只要他对该工作感兴趣，并且有一定的知识基础就要留用。

学历和专业只是一个人的身份象征，然而工作只认能力，不认学历，有能力的人不一定有你所要求的学历。所以，只要充分掌握了一个人的就业动机是想在你所需要的方面有所发展，那么就要给他一个实现自我的机会。

员工心得：

对于大学生而言，在求职面试中个人的考试能力、动手能力、学术研究能力是不可缩水的硬实力，自我推销能力则属于“软实力”。但这种“软实力”并不软，它在一个人的求职和发展中有举足轻重的地位。

一个人除了要有真才实学外，推销自己的能力也不可忽视。这需要具备语言表达能力，沟通能力、礼仪知识、随机应变能力、谈判能力，了解不同性格的人的接受心理，掌握交际的技巧等。

场外音：

有些事情不能让别人做主，比方说工作，别人给自己挑选的工作，即使工作环境和劳动报酬再好，如果自己不感兴趣，那也不会干出什么业绩来。所以自己的事情只有自己可以做主。

鞋子合不合适，只有穿的人才知道。工作需要用人单位和劳动者双向选择，任何一方勉强为之，日后也不会有什么好结果，所以属于别人个人问题的事情，即使你是他的亲属也不能去干涉。

该争取时就要开口

生活环境和个性使小驴变成了一头“有事一肩扛”的驴，但这样并不好，也会出现问题。

小驴曾有一个经验告诉他，做驴可以很乖，但要学会在必要时发表自己的意见，该争取时一定要开口，一定要借机把自己推销出去，不要出了力反而不讨好。

小驴当上班族时，曾经接任过一个小部门的主管，小驴第一次开始有人可管了。那个部门只有小驴和两个同事。在小驴们的努力下，小驴的部门不断争取到新的合作，在小驴当主管的半年后，业务量是原来的三倍。

小驴和同事们又喜又忧。业务增多固然让主管高兴，但也让小驴们累得喘不过气来，小驴愁眉苦脸地撑了三个月后，自觉不支，常忍不住私下抱怨大主管，他怎么没看到小驴们这么辛苦，还把新的业务一直交过来，更常挑剔小驴们做得不够完美。

有一天，大主管终于发现小驴的脸色很不好看，他叫小驴和他谈谈，小驴告诉他，工作份量已经增为三倍，而工作人数不变，小驴快做不下去了。

大主管怪小驴：“你为什么不早告诉我呢？我一直等着你来跟我多要几个人，没想到你竟然什么都没说，所以我以为，你这个部门可以胜任更多工作量，是你自己制造了自己和你那个部门的负担！”

天晓得当时很年轻的小驴何等惊讶。原来，他不是不知道，只是在等小驴开口，而小驴竟然笨到不知道自己可以开口！

小驴以为自己还是学校里的好学生，老师多给一些功课压力，小驴就多花一点力气，靠个人小聪明把功课做完。小驴从没想到，原来小驴是可以提出要求的。

在工作上，小驴忍辱负重，只把自己弄成一只受气的河豚，还让同事们跟着一起受累。

小驴为什么不开口请求支援？真正的原因应该是小驴怕开这个口会让主管觉得小驴能力不足，没错，是小驴自己有问题。

小驴主动向大主管承认了自己的错误，还把自己为什么没有及时向大主管求援的心理做了详细的分析，小驴想让大主管把小驴的经历告诉更多的小主管，让他们在以后的工作中不要犯类似的错误。

此后，小驴工作更加积极，他一有问题就去向大主管请教，在工作中有什么好的建议，他也积极地向大主管提出来。小驴还把自己带小组的成功经验写出来，让所有小主管们共同分享，这样，小驴所在部门的业务量提高了不少，小驴也不时受到大主管的褒奖，他还把小驴推荐为公司里的"年度先进个人"。

管理智慧：

有些员工沟通能力不强，不善于与管理人员交流自己的思想，往往让管理者对这部分人摸不到头脑。一个出色的工作者，首先要具备的就是沟通能力，因此，管理人员在发现自己的员工不善言辞的时候，就一定要想法让他开口，甚至是逼他开口。因为工作需要相互交流与沟通，这样才能互相借鉴，互通有无，如果把一切都闷在自己的心中，那不但不利于员工个人的发展，也会影响到企业的发展。

员工心得：

职场中，和小驴一样乖的闷葫芦不少，女性占的比例更多。事实真相是，如果你善于卸责，那就不太可能被主管信任；但如果你不懂得为自己争取应得的，你也还是咎由自取，也不配担大任。

会表现的人都是自然流露而不是做作。大凡成功者从不夸耀自己的功绩，而是让其自然流露。在你向领导汇报工作的时候不妨说："我做了这件事情，但不知做得怎么样，您的经验丰富，所以还请您多多指点。”这样你表面上好像是在聆听领导的指点，而实际上你已经推销了自己的能力，并且充分地展示了你谦虚的美德。

场外音：

我们经常为推销不出自己而烦恼，总认为自己很努力，但推销效果却甚微。一个良好的推销员，推销成功的秘诀归纳起来有两点：一是时刻想着为顾客创造快乐；二是与众不同的推销方式。

不少企业透露， 在专业成绩相近的条件下，优先选择沟通能力较强的人。有的企业直言不讳地说，对专业成绩要求不高，但沟通能力一定要过硬。一个具有沟通能力的人，可以将自己所拥有的专业知识及专业技能实现百分之百的发挥，并能迅速地给对方留下“我最棒”“我能行”的印象。此外，一个人沟通能力的高低常常是决定一个人在工作中能否正常发挥的重要因素。较强的沟通能力是创造优良人际和工作环境的基础，也是实现工作目标必不可少的个人素质。

只有十分钟

美好的时光总会转瞬即逝，小驴还没尽兴，大学四年就走到了尾声，小驴无奈只好加入找工作的大军中。小驴不时听说有同学和某某公司签好了合同，而自己走过的几家公司都没有消息，他有些紧张了，他开始向人讨教找工作的窍门。

一位集团公司的驴力资源部经理是小驴父亲夕日的同窗好友，他告诉小驴，他招聘人才的时间是 5 分钟，加上让应聘者走入他的办公室、入座、非正式简单对话的时间 5 分钟，总共不会超过 10 分钟。也就是说，公司是否录用一个人，只有区区 10 分钟。所有的成功、失败都浓缩在这里。

小驴说，这不公平，也不负责任。

他说，10 分钟最公平，最负责任。他还说 70%以上的应聘者走入他的办公室不会首先打招呼说声你好；50%以上的应聘者衣冠不整洁；30%的应聘者态度紧张；20%的应聘者目光游移。还有什么好说的？让他们走吧！每个人只有 10 分钟，而他在前 5 分钟就已经输了。

小驴心悦诚服，应聘者的确已经输了。

这时候小驴还想起一位公共关系学教授曾经在课堂上问小驴们看过孔雀开屏么？同学们说看过，很美。教授说每个人都要学那孔雀，10 分钟让整个世界记住自己的最美。

那是《公共关系学》第一课时，教授的开场白。

小驴想每个人像孔雀那样用 10 分钟展示自己的美，好像不符合中国人的审美传统，小驴们喜欢相信日久见人心和细水长流。但是在现代工业以分秒计算的工作时间里，你没有更多的时间表现自己。小驴终于明白了一个人即使很优秀，但是你要知道，你只有很少的时间展示自我，10 分钟，或者更少。

小驴在得到了能够让自己找工作成功的经验后，他不再忙着出去应聘，而是精心把自己包装了一番。他首先从自己的简历着手，设计了一份外观非常吸引人眼球的简历，并且简历的内容也是“投其所好”，把自己的能力适度夸大了些，尽量满足招聘人员的胃口。简历准备好以后，他还花了一整天的时间去给自己挑选了一套非常合身的正装。做好了这一切之后，他没有着急去应聘，而是一个人到安静的地方去模拟面试情景，他尽量地让自己不紧张，面带笑容，主动和领导打招呼，说话清晰流利，在尽可能少的时间里尽可能多地介绍自己的优点。直到这一切都非常熟练了，小驴才开始去找工作。

做好了这些准备，再去应聘，果然结果和以前大不相同，小驴去了三家公司，三家公司的招聘人员对他都比较满意，都说会尽快通知小驴结果。小驴满怀信心地回去等了两天，结果三家公司有两个打来电话，让小驴去签合同。

小驴颇为感慨地说：“找工作还是自我包装和推销管用啊！”

管理智慧：

一名有经验的管理者在挑选员工的时候，不会浪费很多时间，他们往往能够在一个人走进自己的办公室的那一刻就能断定他是不是自己想要的人才。因为一个人的言谈举止，会充分反映出一个人的办事能力，只要你细心观察，就能做出正确的判断。

作为管理人员，一定要在判断人才上下功夫，因为企业的发展全靠人才的努力，如果对人才判断不准，就会造成庸才的进入，人才的流失。

员工心得：

在领导面前表现自己，适当地自我推销是一种必要的手段，但一定不要忽视方法。人，谁都喜欢表现自己，得到赏识。但如果表现得不好，就容易给人一种轻浮浅薄的印象。因此，最大限度地表现你美德最好的办法就是你的行动，而不是你的自我表述。因为大家对你能力的肯定是通过你的行动来证明的，好酒不怕巷子深的时代已经一去不复返了，要想别人充分地了解和肯定自己，就要学会自我推销。

场外音：

俗话说："姜太公钓鱼，愿者上钩。"作为一个老谋深算的政治家，姜尚略施小计便攀上了西伯昌这棵大树。弃暗投明，跳槽做了周国的太师。倘若他抱定默默无闻而不主动寻找机会推销自己，恐怕老死也不过是纣王宫中的一个小卒。正是把握住了机会，他才在自己晚年的时候帮助周王创建了一番伟业。因此，抓住机会把自己推销出去，是一个人取得成功的关键。

时间往往不等人，时机更是容易错过，因此，要抓住短暂的机会，要在有限的时间内，充分表现自己，一旦错过了机会，花再多的时间也找不回来了。

驴子简历一投就中的绝招

高老驴一生经历过很多次跳槽，只要他看好的企业招聘，他一投简历就中，这让其他的驴子实在是羡慕。如今高老驴退休没事做，就专门做起了如何让你的简历一投就中的培训工作。下面就是高老驴给学员介绍的经验：

简历制作是求职过程中的第一步，也是相当关键的一步。用人单位通过简历上的信息，对应聘者进行初步的资格筛选。求职者最终能否获得面试机会，简历起着至关重要的作用。那么在撰写个人简历时应注意哪些技巧，怎样才能吸引用人单位的眼球，增加面试的机会呢？成功的简历应具备以下几点：

一是简历版面必须有条理。

简历的版面必须有条理、一目了然。因为 HR 喜欢的简历结构清晰、一眼就能找到相应的信息在哪里。而在描述个人信息时，必须像议论文一样用数字与事实来说话。尤其是“小驴介绍”这个环节，通过实例来说明自己的优点，而不是“有责任感、组织能力强”这种空泛的表述。

为了吸引 HR 的眼球，求职者还必须在简历中“秀”出自己与众不同的亮点，即使它与应聘的职位没有直接联系，但这往往能体现出求职者的“可转移能力”。

二是简历制作必须有针对性。

在制作简历时，求职者还必须对简历进行“客户化”，也就是说简历必须有针对性，针对每一个公司和职位制作不同的简历。在简历中重点列举与所申请公司及职位相关的信息，弱化甚至删除对方可能并不重视的内容。尤其是把符合招聘启事中明确列出的职位具体要求的信息点放在一个黄金位置（一般在 A4 纸的上 1/3 处）。在编排信息点时，要进行逻辑分类，从而体现出求职者的逻辑性思维能力。最后，简历的语言表达必须做到简练，一页为好。在完成简历之后，一定要找至少五个人让他们圈出不明白的信息和感兴趣的信息，对简历再次润色，逐步完善自己的简历。

三是不要以附件形式发电邮简历。

当简历完成后，下一步就是投简历。那么，如何才能把简历顺利提交到 HR 面前呢？这个小小的细节在求职过程中也充满了学问。写电子邮件简历时，一般情况建议使用中文，虽然很多外企使用英文作为招聘语言，但是阅读求职电子邮件的都是中国人，使用汉语更加方便。但是，如果你申请的是一些相对高级的职位，对方的招聘启事完全是英文的，则尽量使用英文写电子邮件。发送简历时，最好直接将简历粘贴在正文中（粘贴后要重新排版），不要以附件的形式发送（除非公司要求）。

电子邮件中的"subject"千万不能空白，必须写上自己的姓名以及应聘职位。同时还要写下有针对性的附言，说明你符合 HR 最基本的几点要求。在结尾时，可以适当写上"祝工作愉快""心想事成"等祝福话语。另外，还要注意的是，招聘启事上通常都要求"学历证、学位证、身份证复印件、一寸相片"，原则上只需发电子邮件简历和照片即可，并在简历上注明"为防止您下载过慢，本人将在面试时携带'三证'以供查验，谢谢！"HR 会更喜欢这种做法。此外，除了电子邮件简历外，假如求职者对某职位非常感兴趣，就可以选择邮寄甚至亲递简历，成功率可能会更高。因为设计精美的打印简历更容易给 HR 留下好印象，而减少信件遗失的可能性。

管理智慧：

能够把自己的简历设置得让人一看就找到重点，并且能充分展现出自己的才能，能设置这样的简历的人，做事一定很有顺序，安排能力也不会差。因此，选择制作简历好的人作为自己旗下的员工，一定不会选错人。

人们常说文如其人，求职者的一份简历，就能反映出他这个人的基本情况。作为管理者要好好研究不同人文风有什么样的不同，这样的话更有利于帮助自己识别人才。

员工心得：

制作一份合理有效的简历，是求职者成功的第一步，此外更重要的是认真正确地评价自己。“知己知彼，百战不殆”，认识自己是求职者面对人生，战胜挑战，实现就业的先决条件。

一要了解自己的个性心理特征。就是要了解我们自己在性格、气质、兴趣、能力等方面的特点，认识自己具有哪方面的能力，适合做哪方面的工作，个性心理有何长处和不足。

二要真实全面地表现自己。求职者在求职择业中，用人单位非常注重的是与求职者正面接触时他的实际表现。所以做好应聘面试的心理准备，充分而正确地表现自我，对于求职者择业非常重要。

场外音：

人有千种，各有所求。企业对人才的需求也是这样。假如你针对对方的需要和感受仍然说服不了对方，没能被对方所接受，那你就应该重新来考虑你的选择。倘若期望值过高，目标紧盯着热门岗位，就应适时地将期望值下降，向自己专业技术相关或相通的岗位去考虑。美国咨询专家奥尼尔如是说：“如果你有修理飞机引擎的技术，你可以把它变成修理小汽车或大卡车的技术。”所以，求职者在求职过程中，一定要先选好去向，然后再准备投一份有效的简历，把自己的优点充分地展现在简历上。

参考文献

[1] 萧冰 . 最后的小木屋：终身受益的 100 个职场寓言 [M]. 现代出版社，2005.

[2] 赵曙光 . 奔跑的鹿：激发工作热情的职场寓言 [M]. 民主与建设出版社，2007.

[3] 赵曙光 . 鱼眼看职场 [M]. 人民邮电大学出版社，2009.

[4] 夏金花 . 脱壳的乌龟（修订版）[M]. 经济管理出版社，2008.

[5]（美）福克斯 . 报童瑞恩：一个轻松读懂商业的成人童话 [M]. 田丽，译 . 中国青年出版社，2009.

[6] 康瑞锋 . 潜伏在办公室：破解职场心理诡计 [M]. 经济科学出版社，2009.